数字生活轻松入门

网上通信与社交

晶辰创作室　孙世佳　姚　鹏　编著

科学普及出版社

·北　京·

图书在版编目（CIP）数据

网上通信与社交 / 晶辰创作室，孙世佳，姚鹏编著. --北京：科学普及出版社，2020.6

（数字生活轻松入门）

ISBN 978-7-110-09641-3

Ⅰ. ①网… Ⅱ. ①晶… ②孙… ③姚… Ⅲ. ①电子计算机－普及读物 Ⅳ. ①TP3-49

中国版本图书馆 CIP 数据核字（2017）第 181275 号

策划编辑 徐扬科
责任编辑 吕 鸣
封面设计 中文天地 宋英东
责任校对 杨京华
责任印制 徐 飞

出　　版 科学普及出版社
发　　行 中国科学技术出版社有限公司发行部
地　　址 北京市海淀区中关村南大街 16 号
邮　　编 100081
发行电话 010－62173865
传　　真 010－62173081
网　　址 http://www.cspbooks.com.cn

开　　本 710 mm×1000 mm 1/16
字　　数 196 千字
印　　张 10
版　　次 2020 年 6 月第 1 版
印　　次 2020 年 6 月第 1 次印刷
印　　刷 北京博海升彩色印刷有限公司

书　　号 ISBN 978-7-110-09641-3/TP・231
定　　价 48.00 元

“数字生活轻松入门”丛书编委会

前言

随着信息化时代建设步伐的不断加快，互联网及互联网相关产业以迅猛的速度发展起来。短短的二十几年，个人电脑由之前的奢侈品变为现在的必备家电，电脑价格也从上万元降到现在的三四千元，网络宽带已经连接到千家万户，包月上网费用从前些年的一百五六十元降到现在的五六十元。可以说电脑和互联网这些信息时代的工具已经真正进入寻常百姓之家了，并对人们日常生活的方方面面产生了深刻的影响。

电脑与互联网及其伴生的小兄弟智能手机——也可以认为它是手持的小电脑，正在成为我们生活中不可或缺的元素，曾经的“你吃了吗”的问候变成了“今天发微信了吗”；小朋友之间闹别扭的台词也从“不和你玩了”变成了“取消关注”；“余额宝的利息今天怎么又降了”俨然成了一些时尚大妈的揪心话题……

因我们的丛书主要介绍电脑与互联网知识的使用，这里且容略去与智能手机有关的表述。那么，电脑与互联网的用途和影响到底有多大？让我们随意截取几个生活中的侧影来感受一下吧！

我们可以通过电脑和互联网即时通信软件与他人沟通和

交流，不管你的朋友是在你家隔壁还是在地球的另一端，他(她)的文字、声音、容貌都可以随时在你眼前呈现。在互联网世界里，没有地理的概念。

电子邮件、博客、播客、威客、BBS……互联网为我们提供了充分展示自己的平台，每个人都可以通过文字、声音、影像表达自己的观点，探求事情的真相，与朋友分享自己的喜怒哀乐。互联网就是这样一个完全敞开的世界，人与人的交流没有界限。

或许往日平淡无奇的日常生活使我们丧失了激情，现在就让电脑和互联网来把热情重新点燃吧。

你可以凭借一些流行的图像处理软件制作出具有专业水准的艺术照片，让每个人都欣赏你的风采；你也可以利用数字摄像设备和强大的软件编辑工具记录你生活的点点滴滴，让岁月不再了无印迹。网络上有着极其丰富的影音资源：你可以下载动听的音乐，让美妙的乐声给你带来一处闲适的港湾；你也可以在劳累一天离开纷扰的职场后，回到家里第一时间打开电脑，投入到喜爱的热播电视剧中，把工作和生活的烦恼一股脑儿地抛在身后。哪怕你是一个离群索居之人，电脑和网络也不会让你形单影只，你可以随时走进网上的游戏大厅，那里永远会有愿意与你一同打发寂寞时光的陌生朋友。

当然，电脑和互联网不仅能给我们带来这些精神上的慰藉，还能给我们带来丰厚的物质褒奖。

有空儿到购物网站上去淘淘宝贝吧，或许你心仪已久的宝贝正在打着低低的折扣呢，轻点几下鼠标，就能让你省下一大笔钱！如果你工作繁忙，好久没有注意自己的生活了，那就犒劳一下自己吧！但别急着冲进饭店，大餐的价格可是不菲呀。到网上去团购一张打折券，约上三五好友，尽兴而归，也不过两三百元。

或许对某些雄心勃勃的人士来说就这么点儿物质褒奖还远远不够——我要开网店，自己当老板，实现人生的财富梦想！的确，网上开放式的交易平台让创业更加灵活便捷，相对实体店铺，省去了高额的店铺租金，况且不受地域及营业时间限制，你可以在 24 小时内把商品卖到全中国乃至世界各地！只要你有眼光、有能力、有毅力，相信实现这一梦想并非遥不可及！

利用电脑和互联网可以做的事情还有太多太多，实在无法一一枚举，但仅仅这几个方面就足以让人感到这股数字化、信息化的发展潮流正在使我们的世界发生着巨大的改变。

为了帮助更多的人更好更快地融入这股潮流，2009 年在科学普及出版社的鼓励与支持下，我们编写出版了“热门电脑丛书”，得到了市场较好的认可。考虑到距首次出版已有十年时间，很多软件工具和网站已经有所更新或变化，一些新的热点正在社会生活中产生着较大影响，为了及时反映这些新变化，我们在丛书成功出版的基础上对一些热点板块进行了重新修订和补充，以方便读者的学习和使用。

在此次修订编写过程中，我们秉承既往的理念，以提高生活情趣、开拓实际应用能力为宗旨，用源于生活的实际应用作为具体的案例，尽量用最简单的语言阐明相关的原理，用最直观的插图展示其中的操作奥妙，用最经济的篇幅教会你一项电脑技能，解决一个实际问题，让你在掌握电脑与互联网知识的征途中有一个好的起点。

晶辰创作室

第一章　收发电子邮件……1

申请自己的电子邮箱……2

收取电子邮件……5

发送电子邮件……9

管理自己的邮箱……12

邮箱的其他功能……15

使用 QQ 邮箱……22

使用 Outlook 发送邮件……28

第二章　玩转博客……33

申请博客……34

发表、管理日志……37

博客模块与模板……40

博客的互动系统……42

博客托管网站简介……49

个人中心……54

微博的使用……57

RSS 软件简介……61

第三章　畅游论坛……65

注册论坛……66

论坛主页……69

论坛结构……73

发表帖子……77

个人主页……81

写随记，发博客......82
消息与好友系统......90
论坛下载......94
创建论坛......95
第四章　远程协助......101
向好友发送远程协助请求......102
使用 QQ 建立远程协助......106
远程桌面......110
第五章　飞信让我们在一起......119
安装飞信系统和申请服务......120
使用飞信......124
设置飞信......126
飞信群组......128
提醒管家......132
身边动态......134
第六章　微信电脑客户端的使用......137
安装微信系统和申请服务......138
电脑上的微信聊天......140
利用微信传送文件......142
微信电脑客户端的设置......146
微信数据的备份与恢复......147

随着网络技术的不断发展，电子邮件（E-mail，也被大家昵称为“伊妹儿”）以其方便、快捷、不受时间和空间约束等优点迅速成为时尚人士的新宠，从而成为当今信息社会最流行、最重要的通信方式之一。

现在很多网络服务商都提供免费电子邮件服务，而且功能越来越强大，容量也越来越大。

本章将着重介绍电子邮箱的使用和管理以及电子邮件的收发，让读者迅速掌握电子邮件的收发与管理技能。

相信追求时尚的你也一定想拥有自己的电子邮箱，那现在就开始吧！

第一章

收发电子邮件

本章学习目标

◇ 申请自己的电子邮箱

使用电子邮箱的第一步，是学会申请属于自己的电子邮箱。

◇ 收取电子邮件

学会利用邮箱收取电子邮件。

◇ 发送电子邮件

学会利用邮箱发送电子邮件。

◇ 管理自己的邮箱

管理自己的邮箱，让邮箱更个性化。

◇ 邮箱的其他功能

除了收发邮件，邮箱还能做很多事情。

◇ 使用 QQ 邮箱

QQ 除了能够提供网上聊天外，它的邮件功能也很出色。

◇ 使用 Outlook 发送邮件

Outlook 作为 Office 组件之一，收发电子邮件更方便。

申请自己的电子邮箱

现在各个门户网站都有自己的邮箱系统，而且都向用户提供免费的邮箱注册和使用。当前网易、雅虎、新浪、搜狐等网站的邮箱系统都相当不错，并且各有千秋。网易称自己的邮箱是“中文邮箱第一品牌”，本节我们就以网易邮箱为例来了解邮箱的申请和使用。

在网易上申请邮箱的步骤如下：

1．在浏览器地址栏中输入 mail.163.com，并按【Enter】键。在这里我们可以看到 163 邮箱的简洁界面，如图 1-1 所示。

图 1-1　163 邮箱的登录界面

2．网易邮箱的注册提供了两种方式，一种是注册免费邮箱，注册成功后使用时不会有任何的费用。一种是注册 VIP 邮箱，这种注册方式使用时是需要一定费用的，一般为企业或机构所用。点击【注册】，进入注册界面，这时默认显示的是“免费注册邮箱”界面，如图 1-2 所示。

3．在“邮件地址”栏右侧的文字框中给你的邮箱起个名字。文字框下方有这样的一行提示：“6～18 个字符，可使用字母、数字、下划线，需以字母开头”，输入名字时注意按此要求进行命名，只要你输入的名字没有人用过就可以注册。

提示　由于注册的人比较多，你中意的用户名可能会已经被人注册了，但系统会提示你一些接近的用户名。

图 1-2　网易邮箱的注册界面

4．在“密码”栏输入密码。密码可以是 6～16 个字符，它是区分大小的。密码可以是随意输入的字母和数字，不过，密码应该是自己容易记住的一串字母和数字，并且最好把邮箱名和密码记录在记事本中或电脑的文档中，以防遗忘。

5．按照“验证码”栏右边提示图片中的字符输入相应的验证码，输入时不必在意字母的大小写，它是不区分大小写的。

6．在“手机号码”栏填写自己的手机号码。然后用该手机给账号“1069016322”发送一封内容为“222”的短信，以确认你填写的手机号是真实有效的。

7．点击【服务条款】和【隐私权相关政策】并仔细阅读，然后点击【已发送短信验证，立即注册】。此时会出现如图 1-3 所示的界面，表明邮箱已经注册成功。

8．点击【进入邮箱】即可进入你的邮箱了。此时还应记住进入邮箱的两种方式：从“http://mail.163.com/ ”或者网易首页的通行证登录处登录。

提示

网易邮箱是与网易通行证捆绑在一起的，注册了其中一个就可以使用另一个的功能。申请了网易邮箱就相当于申请了成为网易会员，就可以享受网易的会员功能，如使用网络相册、同学录等。

图 1-3　注册成功界面

尽管各个电子邮箱的服务商不同，但注册过程都类似。我们可以用同样的过程注册一个新浪邮箱。

1．在浏览器地址栏输入 mail.sina.com.cn，打开新浪邮箱页面，点击右下角的【注册】，进入注册界面，如图 1-4 所示。

图 1-4　新浪邮箱的注册界面

2．输入你想注册的用户名，并检测用户名是否已被占用。

3．新浪提供 sina.com 和 sina.cn 两个域名，选择其中一个域名。

4．填入登录密码并确认密码（注意与登录密码一致）。

5．输入手机号码、图片上的验证码。

6．点击【免费获取短信验证码】并将手机上收到的验证码输入到“短信验证

码”框中。

7. 勾选“我已阅读并接受《新浪网络服务使用协议》和《新浪免费邮箱服务条款》”后点击【立即注册】，得到如图 1-5 所示窗口。至此，邮箱注册成功。

图 1-5　新浪邮箱注册成功页面

各服务商的邮箱在功能上没有实质性的区别，主要区别在于邮箱及附件的容量、操作界面和一些附加功能上。无论你申请了哪个服务商的邮箱，不必一定要打开网站的首页再登录，只需在那个网站域名前加“mail.”后，再打开就是邮箱登录界面了。

收取电子邮件

网易邮箱选择了简约、朴素的风格，它的邮箱空间有 3G 大小，可以发送最大 2G（可以升级到 3G）的附件，另外还有一个 512M（最大可以升级到 2G）的网络硬盘。网络硬盘是网易邮箱一项具有代表性的功能，它省去了随身携带硬盘的麻烦，只要有电脑、有网络，我们的资料就能随时取出来用。下面就来教大家如何使用自己的邮箱。

输入 mail.163.com 打开网易邮箱登录页面。这里有两种登录邮箱的方式，一种是“二维码登录”，另一种是“邮箱账号登录”。前者首次使用时，在用手机微信“扫一扫”功能扫描图 1-6 左图二维码后，手机上会出现图 1-6 右图所示的界面。这时用手点击【立即下载邮箱大师】即可下载该 App，安装后用其“扫一扫”功能扫描“二维码登录”界面的二维码即可同时在手机和电脑上登录邮箱了。

图 1-6　用手机登录邮箱

通过邮箱账号登录时，需在“用户名”中输入已申请的邮箱的用户名，即邮箱完整地址中“@”之前的字符串，在密码栏中输入密码。此时可以选择“十天内免登录”，以便下次登录时不必再输入用户名。点击【登录】。现在就进入了邮箱，其页面如图 1-7 所示。

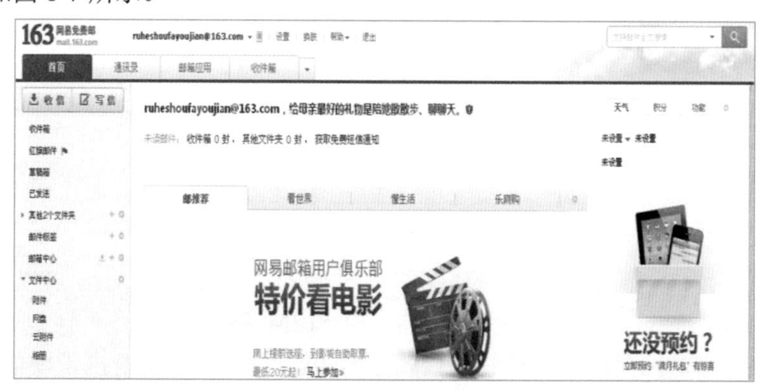

图 1-7　登录邮箱后的页面

在图 1-7 中可以看到，邮箱页面在很显眼的位置做了有邮件的提醒。邮件的收取是自动的，也可以直接点击【收信】查看是否有新邮件。

提示　在邮箱首页，除了可以使用邮箱功能，还可以查看并编辑通讯录和记事本、进入网络硬盘等。

当有新邮件时，点击【收件箱】，就会出现如图 1-8 所示的页面。

图 1-8　收件箱页面

通常一封电子邮件包括发信人地址、主题、邮件大小和日期等信息，其中除了收件人地址、主题和信件内容是发件人自己填写的外，其他信息都是系统自动生成的。

图 1-9　读取邮件的页面

要读取新邮件，单击发件人名字或邮件主题均可。点击【邮件主题】查看你邮箱里的第一封信吧。

图 1-9 是网易邮箱的收件页面。最上方的工具栏里有“返回”“回复”“转发”等链接，可以点击实现相应操作。下面是邮件信息栏，同样列出了邮件发件人、收件人和主题。点击发件人的地址，在弹出的对话框中有更多操作，如图 1-10 所示。【邮件往来】可以列

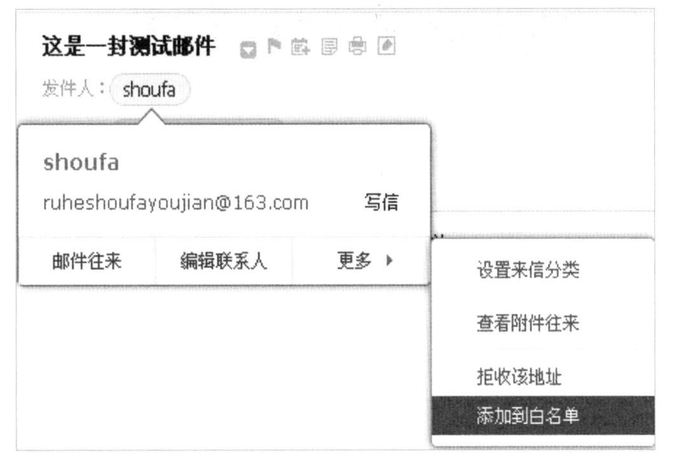

图 1-10　对发件人的操作

图 1-11　添加联系人界面

出你与该联系人所有的邮件记录。【添加联系人】界面如图 1-11 所示，可以填写联系人的信息。【设置来信分类】可以对邮件进行分类管理。如果信任发件人，不想该联系人发给你的邮件被系统识别为垃圾邮件或者被系统拦截，可以点击【添加到白名单】，这样无论如何都能收到对方的邮件了。

如果收件箱中有多封未读邮件，可以点击页面右上角的【→】（下一封）和【←】（上一封）查看，省去了返回主页面的麻烦。单击【回复】可以回复该邮件，系统会直接填写对方的邮件地址；单击【转发】可将信件转发给其他朋友；单击上方的【移动到】下拉菜单可将信件移动到邮箱的其他文件夹中。

在读邮件时，不仅仅要看邮件中正文部分显示的内容，还要注意邮件中是否包含附件。也许朋友会随信发给你几张照片、一首歌等，而这些附件是不能直接阅读的。如果邮件中包含附件，将鼠标移动到附件上，会出现如图 1-12 所示的菜单。【下载】表示可以将附件直接下载到本机的硬盘上。【打开】表示若文件可以直接打开，将在网页中打开文件，若不能，则下载。【预览】表示将文件内容在网页中显示。【存网盘】表示将文件直接存到网盘中。

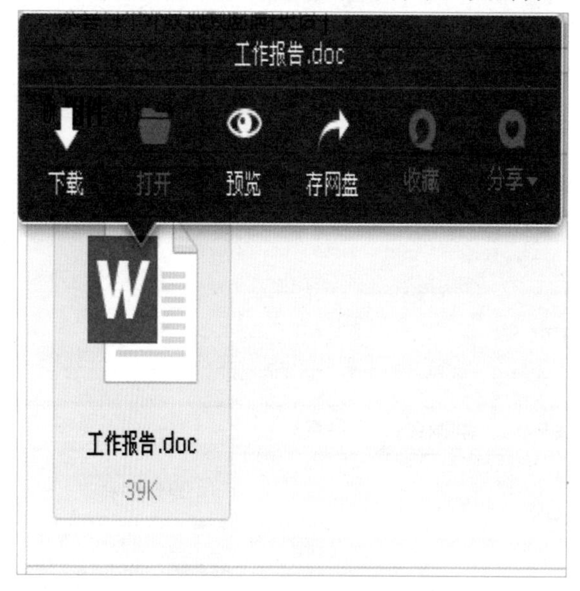

图 1-12　附件菜单

下载后的附件可存在自己电脑中供使用或阅读。你也可以通过邮件发送文件。不过，下载附件时要小心，尽管目前多数邮箱都有附件杀毒功能，但还是不要下载来历不明的邮

件中的附件，很可能有病毒，以防万一。

发送电子邮件

前面介绍了邮件的收取，现在我们来介绍邮件的发送。其实，除了上一节的方法，登录网易邮箱还有两种方式：

1．直接在地址栏中输入网易首页网址www.163.com，将鼠标移动至【登录】，出现如图1-13所示的登录界面，在用户名和密码框中分别输入相应信息，点击【登录】。

图1-13 在网易首页登录

2．在图1-13所示的页面中点击图标，选择【免费邮箱】，输入邮箱名和密码可直接登录。

进入邮箱后就可以看到熟悉的网易邮箱的页面。在这个页面上，左边是导航栏，在这个导航栏中可以实现收发邮件的功能和其他的附加功能。

在导航栏的顶部是明显的【收信】和【写信】按钮，点击【收信】可以接收新邮件，点击【写信】可以写新邮件。最简单的发信方法就是回复。

提示 回复可以直接回复发件人。而回复全部就会将邮件回复给所有人，包括抄送中的人。

打开一封来信，点击【回复】，打开如图1-14所示的页面。

新打开的页面就是发信页面。其中“收件人”一栏系统已为你填好，主题默认为"Re:"后加所回复邮件的主题名。你也可以修改成其他主题名，最好是邮件内容的概括，这样收件人看到主题就能知道邮件的大体内容。之后，在下方输入回信正文即可。

图 1-14 回复邮件页面

发送邮件的文本框提供了较多的美化功能，比如改变字体、颜色、段落对齐方式等。你还可以点击【添加信纸】选择一张漂亮的信纸，当然，你做的所有编辑美化工作收信人都能看到。

那么如何写一封新邮件呢？点击【写信】，打开的页面与图 1-14 类似。

其实写新信件和回信的页面一样，只不过你需要在收件人一栏输入收件人的邮箱地址。如果要同时发给多个人，可以在这一栏中输入多个人的邮箱地址，中间用逗号","隔开。你也可以点击【收件人】添加，只要通讯录中有你想发邮件的人的地址，就可以省去输入地址的麻烦。

提示

在地址栏中输入多个人的邮箱地址，可向所有人发送邮件。这个类似短信中的群发。不过每位收件人都可以看到你给哪些人发送了邮件。

如果要想告知别人你给收件人发送了这样一封邮件，可以点击【添加抄送】或【添加密送】，在抄送或密送地址栏中输入你要通知的人的地址。收到邮件的每个人都能看到所有主要收件人和抄送收件人的列表，但看不到密送收件人的列表。

提示　点击【回复】时，一般只回复给发件人。如果点击【回复全部】，则也会回复给抄送和密送的人。

接下来你需要输入信件的主题和邮件正文了。

单击【添加信纸】按钮选择信纸，然后输入正文，如图 1-15 所示。

图 1-15　使用信纸写信

信件写完后，如果你不想马上发送，可以点击【存草稿】按钮保存邮件，以后可以在草稿箱中查看该邮件并进行发送、删除等操作。如果想马上发送，则直接点击【发送】。在看到如图 1-16 所示的页面后表明邮件发送成功。有些邮箱还有是否发送同时保存到发件箱的选项。

图 1-16　发送成功页面

以上方法可以用来发送文字性的邮件，如果我们想发送一些文件性的邮件，比如想发一段音乐或一个软件给别人，那该怎么办呢？这就要用到附件了。

当你想直接把一个文件发给别人时，可以把文件添加到附件里。单击【添加附件】，这时会弹出一个对话框，在对话框中选择你想要添加的附件的地址：比如你想添加的附件在桌面上，那么你就可以单击桌面，然后再选择你的文件，最后单击【打开】（或直接双击文件），这样就把你想发送的文件添加到了附件里。但这个文件不能是文件夹。附件添加后如图 1-17 所示，上传完成就表示添加成功了。

图 1-17　添加附件

点击后面的【删除】可以删除附件。曲别针代表附件，同样，收到的邮件看到有曲别针标志时表明邮件中有附件。一次可以发送多个附件，只要文件总大小不超过标准即可。

值得注意的是，发送带附件的邮件之前一定要清楚所添加附件的大小和邮箱能够提供附带附件的大小，如果文件的大小超过了邮箱所要求的大小，邮件将不能发送成功。

发送邮件的时间由网络速度和邮件内容以及附件的大小决定，一般来说网络速度越快、邮件容量越小发送越快。

提示

现在邮箱可发送的附件越来越大，已经由原来的只能发送几兆（M）到可以发送几百兆（M）。使用中转站的功能还可以发送几吉（G）的附件。

管理自己的邮箱

开通邮箱后，和朋友的联系会更加方便，收到的邮件也会越来越多，邮件的种类五花八门，这么多这么杂的邮件该如何管理呢？除此以外，我们还应改变邮箱的设置以便更好地使用邮箱的功能。不同网站的邮箱设置会略有不同，但主要的功能都基本相似，所以这一节我们仍以网易邮箱为例，来讲解邮箱的管理。

提示 现在的邮箱集成了越来越多的功能，除了收发邮件，还有网盘、相册、云附件等功能，甚至还可以理财、买彩票等，所以管理很重要。

一般邮箱默认有几个文件夹，比如收件箱、草稿箱、已发送等，如图 1-18 所示。

图 1-18　网易邮箱的整体页面

单击【设置】按钮，弹出一个设置选项页，单击选择【常规设置】选项就会出现如图 1-19 所示的页面，页面中我们可以很清楚地看到各种可以修改的选项。

图 1-19　设置页面

页面左侧是设置的大类，右侧是大类中的详细设置。我们可以看到邮箱的设置是非常详细的，邮箱的默认设置并不是最优的，用户可以根据自己的喜好进行设置。例如，在如图 1-20 所示的【常规设置】页面中，如果“自动回复/转发”栏下“自动回复”已勾选，则在你打开邮件后会自动向对方发送已收到的消息；在“发送邮件后设置”栏中，系统默认的是保存部分邮件，建议用户改成“全部保存到‘已发送’文件夹”，这样的话所有发送的邮件都会有一个存根，如果今后涉及某些事情的时候会有证可查；在“邮件撤回”栏中可设置对已发送邮件撤回的条件。

图 1-20 【常规设置】页面

除此以外，其他的设置选项都类似，按个人喜好更改即可。

另外，为了安全，可以在【反垃圾/黑白名单】栏中进行设置。在黑名单中，你可以把不想收到邮件的人的邮箱地址添加进去，这样邮箱系统将自动过滤他的来信，邮箱将不会接受他的来信，而白名单恰是相反的功能。

提示

现在邮箱中的广告邮件特别多。如果你收到了广告邮件，并且以后再也不想看到该邮箱发送的邮件，将其加入黑名单即可。

尽管我们收到的邮件会很多，但邮箱系统为我们提供了方便的整理操作。

有附件的邮件在时间的前面带有曲别针标志。未读邮件会在发件人前面有一个图标，并且邮件主题为加粗字体，若邮件已读，图标便会消失。带有！标志的是紧

急邮件，说明邮件有重要内容或需要马上阅读。↩表明此邮件已经回复了。将鼠标移到□并点击这个方框，就意味着选择了这封邮件，接下来就可以进行【删除】【举报】等操作。“删除”是将邮件暂时删除到已删除文件夹，“举报”可将发件人加入黑名单及清除其发送的所有邮件。单击顶部的【标记为】即可出现如图 1-21 所示的菜单，选择其中一项可以将邮件标记为不同的类别，便于管理。在【移动到】按钮中，还可以把邮件移动到发件箱、草稿箱、已发送、已删除、垃圾邮件五个文件夹中。

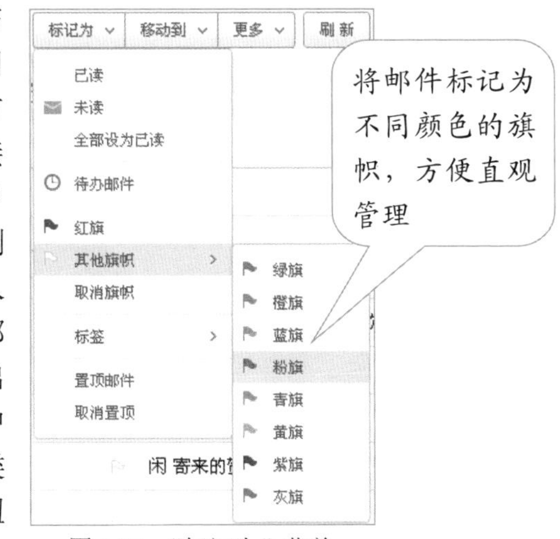

图 1-21 “标记为”菜单

邮箱的其他功能

邮箱仅能收发邮件已经满足不了现代人们的需求了。人类对网络的依赖越来越多，网络不区分地域的特点决定了人们可以随时随地使用网络。这样就可以使人们把许多文件放在网络上，以便在任何地点读取文件。网易邮箱也基于这些考虑，提供了很多方便实用的功能。

提示 现在每个邮箱网站都竞相推出了自己的特色功能。比如腾讯邮箱的漂流瓶、文件中转站。这些功能越来越人性化，也越来越实用。

首先介绍网盘功能。所谓网盘，就是网络硬盘，顾名思义，就是通过网络访问的硬盘。点击网易邮箱首页的【应用中心】|【效率】|【网易网盘】，出现图 1-22 所示的页面。页面左下角显示了网盘的容量，上方的操作区提供了上传、下载、发送等功能。

图 1-22　网易网盘

有文件想上传到网盘时，点击【上传文件】，弹出一个选择要上传文件的对话框，如图 1-23 所示。从中找到要上传的文件，然后双击即可将其上传到网盘。

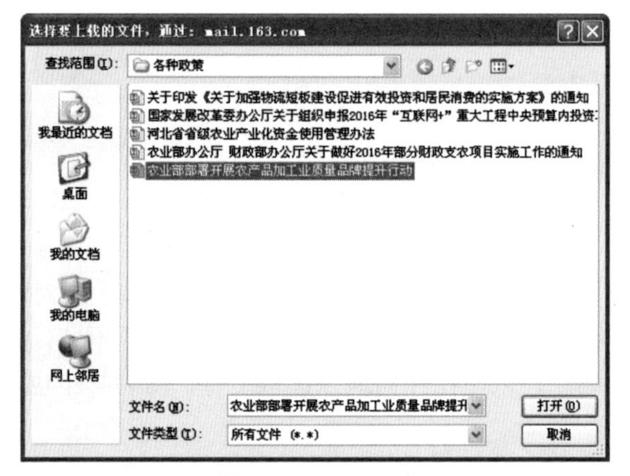

图 1-23　上传文件

提示　上传文件时，要注意网盘所剩的容量，当所剩的容量小于你要上传的文件的大小时，将无法上传成功，并且单个文件的大小不能超过 100M。

当文件较多时，为了方便管理，可用文件夹分类。点击【新建文件夹】，弹出图 1-24 所示对话框，在输入框内输入文件夹名称，然后点击【确定】，一个新的文件夹将会显示在文件列表中。点击该文件夹名，即可进入文件夹。

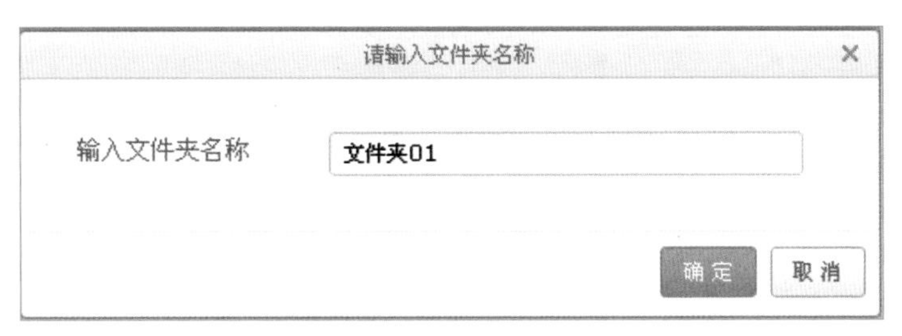

图 1-24 创建文件夹

文件夹建好后，就可以将文件移动到文件夹了。在文件列表页，勾选你想要移动的文件，然后点击【移动】，弹出图 1-25 所示的对话框。点击网易网盘文件夹图标，可展开文件夹列表。选中文件夹，点击【确定】就可以将文件移动到文件夹了。若要再创建文件夹，选择一个已存在的文件夹，然后点击【新建文件夹】，会在其下一级创建文件夹。

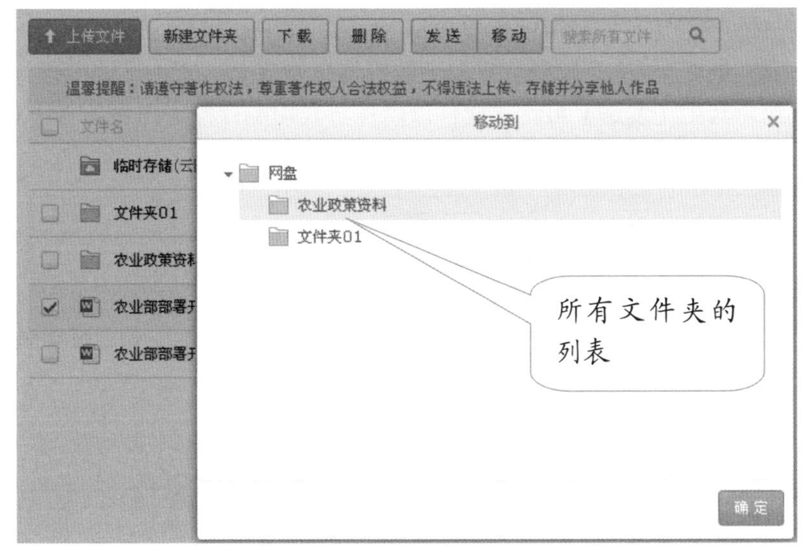

图 1-25 移动文件

提示 这里文件夹的使用和操作系统里的文件夹一样。可以创建多级的文件夹。但文件夹和文件之间无法进行拖动操作，只能用【移动】命令调整文件位置。

想要下载文件时，将文件选中，点击【下载】，然后在出现的对话框中指定下载位置即可。也可以将鼠标移动至文件名上，这时会在文件名后面出现一组图标，其功能分别为预览文档 、分享、下载、更多操作， 如图 1-26 所示。

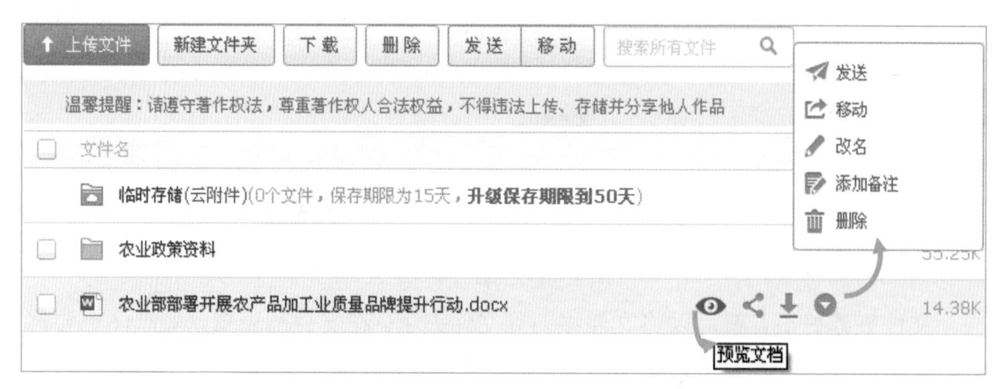

图 1-26　文件操作

其中，点击【预览文档】可打开文件进行查看；点击【分享】，将在下方出现共享链接和提取码，如图 1-27 所示。将链接和提取码发送给其他人，其他人就可以直接下载这个文件了，也可以直接选择下面的“新浪微博”“QQ 空间”等选项将其分享到其他平台；【下载】就可以下载到本地硬盘上。点击【更多操作】将打开一个菜单，其中【发送】可将该文件以附件方式用邮件发送出去；点击【改名】可将文件改名；点击【添加备注】可为文件添加备注。

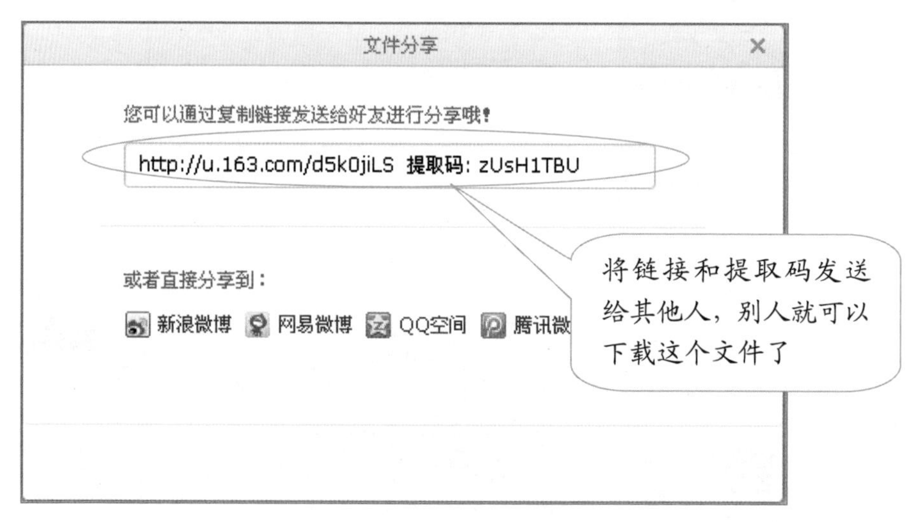

图 1-27　分享文件

提示　【改名】为直接修改文件的名字。而【备注】则是对文件的描述，或者是别名，它并不会直接修改文件的名字。

下面介绍云附件。“云计算”是近年来在 IT 领域非常流行的概念。所谓云计算（cloudcomputing）是基于互联网的相关服务的增加、使用和交付模式，通常涉及通过互联网来提供动态易扩展且经常是虚拟化的资源。

云附件是网易网盘提供的一个文件存储和管理的功能。当用户点击【添加附件】以附件的形式发送超过 50 兆的文件时（如，想把一次旅游拍摄的视频发送给老朋友），邮箱将会提示该附件将被作为云附件对待，即其有效时间只有 15 天，如收件人未在这个时间内收取，附件将会失效，如图 1-28 所示。

图 1-28 云附件提示

随后开始上传文件，上传时间可能因文件的大小和网速快慢而有所不同。当上传完毕后会出现如图 1-29 所示的页面，这时，在“收件人”栏输入收件人邮箱名称，然后点击【发送】即可将邮件发送给对方。

图 1-29 发送云附件

在网易邮箱中，云附件是作为网易网盘的一个组成部分，处在网易网盘的下一级目录中，如图 1-30 所示。点击进入【临时存储】（云附件）即可对云附件进行操作，但其功能要比网盘少，仅提供【上传文件】【删除】【发送】等操作功能。

用户可通过【上传文件】命令直接将文件传送到云附件中，而不必在意文件的大小；可以将已上传但不打算发送的文件删除；需要发送已经上传到云附件中的文件时，需勾选文件名前的方框，然后点击【发送】即可；点击【返回上一级】即可返回网易网盘界面。

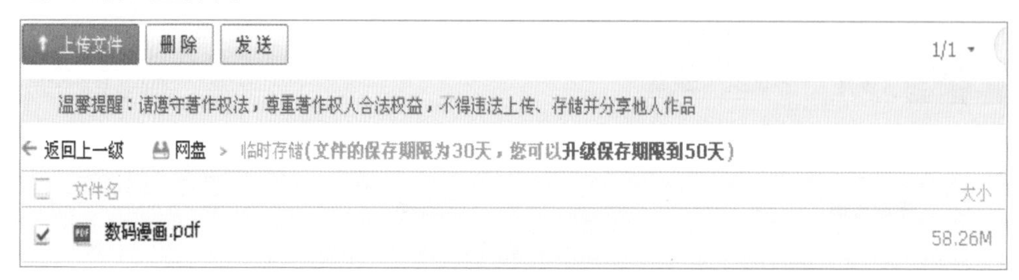

图 1-30　操作云附件

提示　云附件和网易网盘的区别是，云附件单个文件最大支持 2G，而网盘只有 50M（1G＝1024M）；云附件最多只能保存 15 天，而网盘可无限期保存。

以上介绍的只是网易邮箱的两个功能，这是其全部功能的很小部分。点击邮箱首页左下角的图标（邮箱触点）会弹出图 1-31 所示的菜单，里面已经有一些功能，比如网盘、网易微博等。点击每一项，都可直接进入对应页面。点击【添加应用】，进入应用中心，如图 1-32 所示。在这里你可看到各种各样的应用。页面中，左边一栏按照应用的种类对应用进行了分类，这样能够方便你寻找自己需要的应用。右侧上方显示了你的信息。而最重要的是右侧下方的排行榜。因为通过它你能够看到被用户使用最多的应用，被使用最多的应用也许就是你需要的，这样对你选择应用也有参考价值。

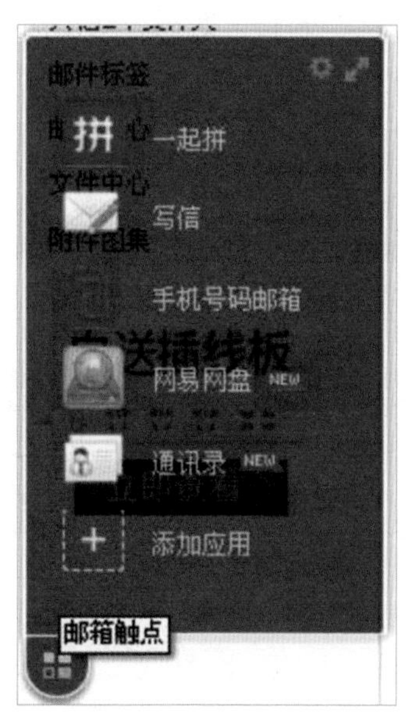

图 1-31　邮箱触点

图 1-32　应用中心

图 1-33　记事本应用

我们以排行榜第四名的记事本为例。记事本能够提供便捷服务，随手写日记、做笔记、记备忘、整理个人资料，轻松记录点滴生活，捕捉生命灵感。它有一键发送记事、温馨邮件与博客提醒、密码加锁等功能。点击【记事本】，弹出图 1-33 所示的界面。界面上有关于该应用的介绍，然后点击【添加到我的应用】。这时会出现对话框提示你已经成功添加到“我的应用”，还可以选择是否同时添加到多标签窗口和邮箱触点。

提示　将应用添加到邮箱触点，这样每次只要点击左下角的图标就可以方便地进入应用了。

点击左下角的【邮箱触点】|【记事本】，就可以方便地进入记事本应用了。第

图 1-34 编辑记事

一次使用记事本没有任何内容，点击【立即记事】，转到图 1-34 所示的页面。添加主题，然后选择分类，若没有分类，点击旁边的【新建分类】，选好分类后，在内容部分写入正文。然后点击【保存记事】。

所有已经记录的事件都会显示在记事本首页，如图 1-35 所示。选中一条记录后，点击【导出】会将记录以页面文件的形式导出，可直接点击查看；点击【提醒】可以设置邮件按时提醒；点击【移动到】可将记录移动到不同的分类下；点击【编辑】可修改记录内容。

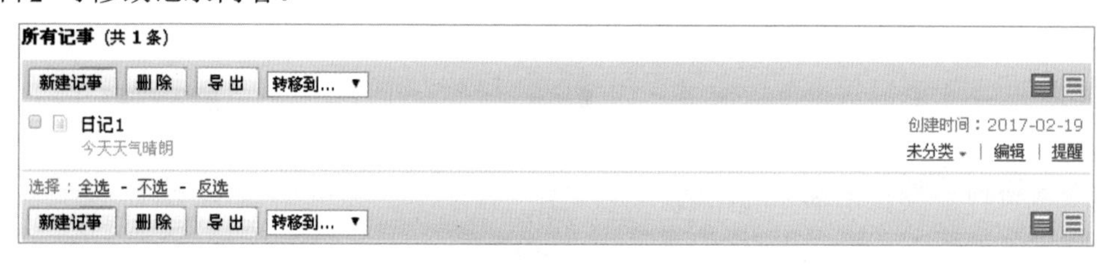

图 1-35 记事列表

应用中心中还有很多实用、有趣的应用。这里抛砖引玉，希望读者多多探索，能够用这些应用提高你的做事效率。

使用 QQ 邮箱

现在，很多人都用上了智能手机，如果要问他们手机用得最多的是哪些方面，得到的回答可能除了打电话之外，恐怕就是发微信了。微信是腾讯公司于 2011 年开发的一款杰出产品。其实，这家公司另一款主要在电脑上应用的产品也很出名，它就是 QQ。QQ 是腾讯公司开发的一款基于互联网的即时通信软件，支持在线聊

天、视频通话、点对点断点续传文件、共享文件、网络硬盘、QQ 邮箱等多种功能，并可与多种通信终端相连。

QQ 邮箱也非常好用，它支持全部互联网电子邮件，设计优秀、使用方便，提供全面而强大的邮件处理功能，运行效率高，赢得了广大用户的青睐。本节我们就来介绍如何用 QQ 邮箱发送邮件。

一、注册 QQ 邮箱

1. 启动浏览器，在导航页上滚动鼠标直到出现“邮箱”栏，找到 QQ 邮箱。

2. 单击“QQ 邮箱”即可进入 QQ 邮箱界面，如图 1-36 所示。单击界面右下角的【注册新账号】选项，进入注册界面。

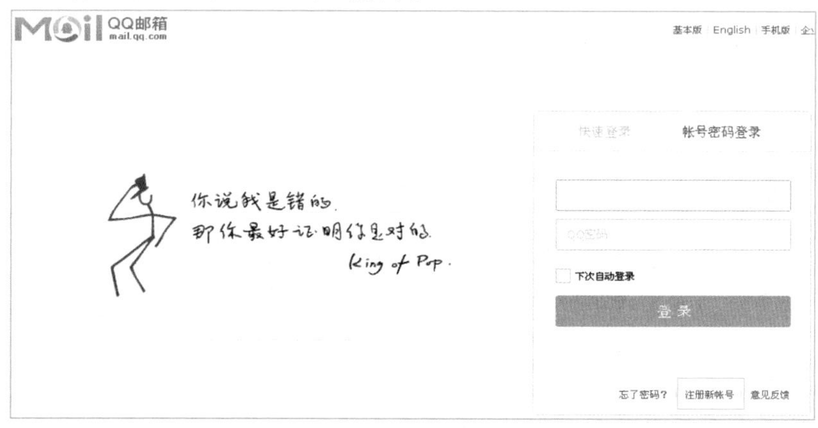

图 1-36　QQ 邮箱注册界面

3. 点击“免费靓号”并获取系统随机生成的免费 QQ 号，然后依次输入自己希望的昵称、密码及手机号。点击【发送短信验证码】并输入系统发送到手机上的短信验证码，如图 1-37 所示。最后点击【立即注册】。

4. 注册通过后，在注册成功界面上点击【立即登录】，并在弹出的 QQ 登录界面中输入刚刚注册的 QQ 号与登录密码。然后点击【登录】进行号码激活，如图 1-38 所示。

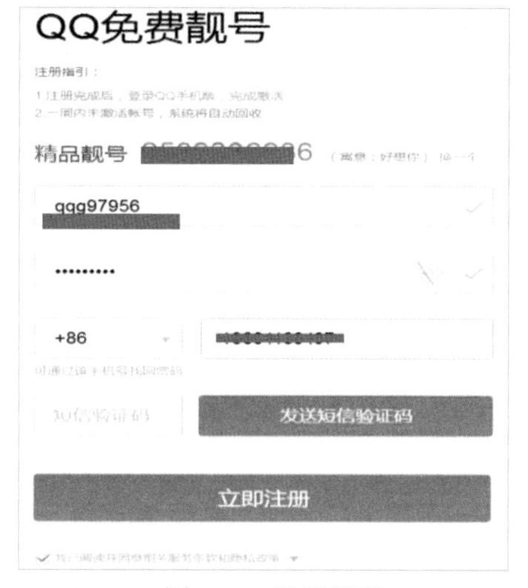

图 1-37　注册界面

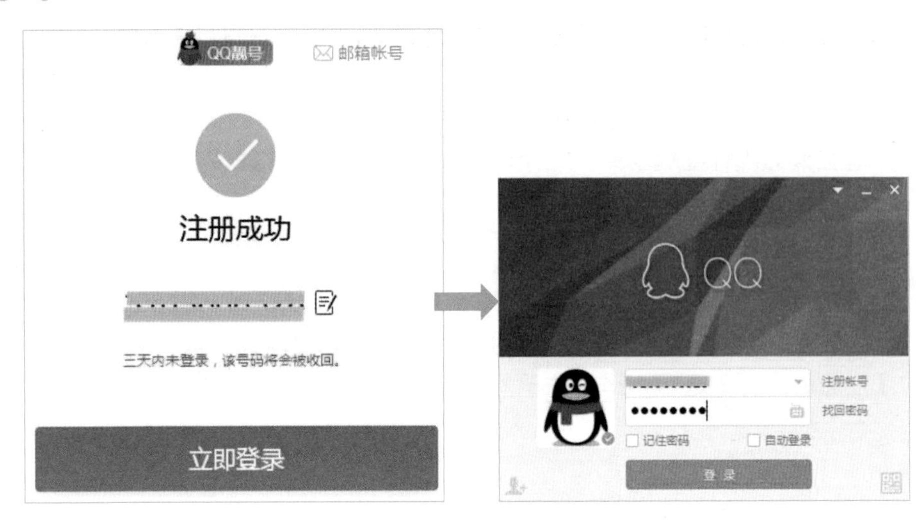

图 1-38　号码激活

5. 号码激活后，即可通过 QQ 邮箱网页版进入 QQ 邮箱，如图 1-39 所示，用户就可以像前面介绍的网易 163 邮箱那样来收发邮件了。

图 1-39　QQ 邮箱页面

二、收发邮件

我们首先介绍如何接收邮件。

1. 进入 QQ 邮件后，点击【收信】按钮即可打开收件箱，在这里可以看到所有发给你的邮件，如图 1-40 所示。邮件是按收到的时间顺序排列的，已经打开的邮件前面有白色展开的信封标志，未查看的邮件前面有黄色信封标志，点击这个黄色的图标即可展开信件的内容。

图 1-40　收取信件

2．对收件箱中的邮件可做回复、删除、彻底删除、转发等处理，操作方法与网易 163 邮箱基本相同，只需点击相应的按钮就可以了，如图 1-41 所示。需要说明的是，当用【删除】命令对邮件进行删除处理时，被删除的邮件将移送到【已删除】文件夹中，需要时可通过此文件夹找回该邮件；而使用【彻底删除】命令将不再把邮件移送到【已删除】文件夹中，而是直接永久删除并且无法恢复！

图 1-41　对邮件进行相关的操作

3．如果因某种原因，拒绝接收某个发件人的邮件（如不受欢迎的广告），可将鼠标移至该邮件上方，这时邮件下方会出现一个快捷菜单，点击【拒收】命令会弹出一个确认提示，点击其下方的【拒收】命令即可一劳永逸地不再受此类广告邮件的骚扰，如图 1-42 所示。

图 1-42　永远拒绝某类邮件

为了便于今后联系，查看邮件时可将对方的邮箱添加到 QQ 邮箱中的通讯录中。这个功能相当实用，相信你在使用电子邮箱时已经体会到了。那么怎么操作呢？

1．在邮件内容页面上找到发件人。

2．将鼠标指向发件人，会弹出一个快捷菜单。

3．点击菜单中【添加】按钮即可打开“新建联系人”对话框，如图 1-43 所示所示。

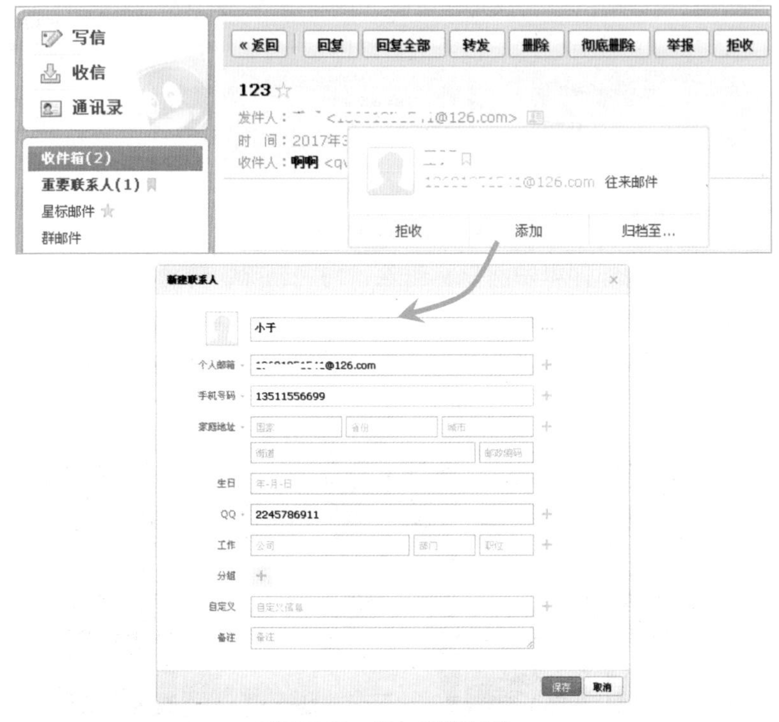

图 1-43　添加到通讯录

4．在这个对话框中，可以填写发件人的简要信息，如手机号、QQ 号等以便于通过其他方式与其联系。点击【保存】按钮即可将发件人的邮箱地址保存到通讯录中。这样，以后就可以从通讯录中直接找出邮件地址给他或她写信了。

提示　直接从地址簿中添加收件人邮箱，除了方便以外，更重要的是避免了因手误而打错对方的邮箱地址。

接下来我们来介绍如何写邮件。

在 QQ 邮箱中写邮件及发送邮件是非常简单的。点击【写信】命令即可进入写信界面，如图 1-44 所示。为了让对方更方便地知晓邮件是关于什么内容的，可在“主题”栏简单地写出邮件的主题；在“正文”区写出你想要表达的邮件内容。完

成后需在“收件人”栏给出收件人的地址，即对方邮箱的完整名称，然后点击【发送】按钮就可将邮件发送出去了。

图 1-44　在 QQ 邮箱中写信

写信时，如果要发送已经存在于电脑中的文件，可以通过添加附件的形式来完成。点击【添加附件】命令，在“打开”对话框中找到要发送的文件，然后用鼠标双击即可将其添加到附件中，如图 1-45 所示。这样，在发送邮件时它将同信件一起发送出去。

图 1-45　添加附件

提示 一封邮件的普通附件大小是50M以内，但是作为群发时，附件大小不能超过2M。

图 1-46　添加超大附件

同样地，用QQ邮箱作为通信工具时也会遇到发送较大文件的问题，如需要将一段视频传送给朋友等，这类文件通常都比较大。当所要发送的文件大小超过 50M 时，就需要用到【超大附件】这个命令了，此命令与【添加附件】命令不同之处在于它有 30 天的时效性，过了这个时间对方就收不到了。点击【超大附件】命令后将进入“添加超大附件”界面，如图 1-46 所示。点击【上传新文件...】按钮，在出现的“打开”对话框中双击所需的文件，即可将其作为附件添加到邮件中。

使用 Outlook 发送邮件

Outlook 是微软公司的办公组件中集成的一个桌面信息管理程序，可以帮助管理邮件、约会、联系人和任务，也可以跟踪活动、打开和查看文档及共享信息。本节我们主要以 Outlook 2007 为例讲解它发送邮件的功能。

首先我们要按照下列步骤进行邮件账户的添加，操作过程如图 1-47 所示。

提示 Outlook 是微软 Office 办公组件（包括 Word、Excel、Powerpoint 等）中的一款软件，可随 Word 等软件一起安装。

1．打开 Outlook 2007，进入图 1-47 所示的第一个界面。

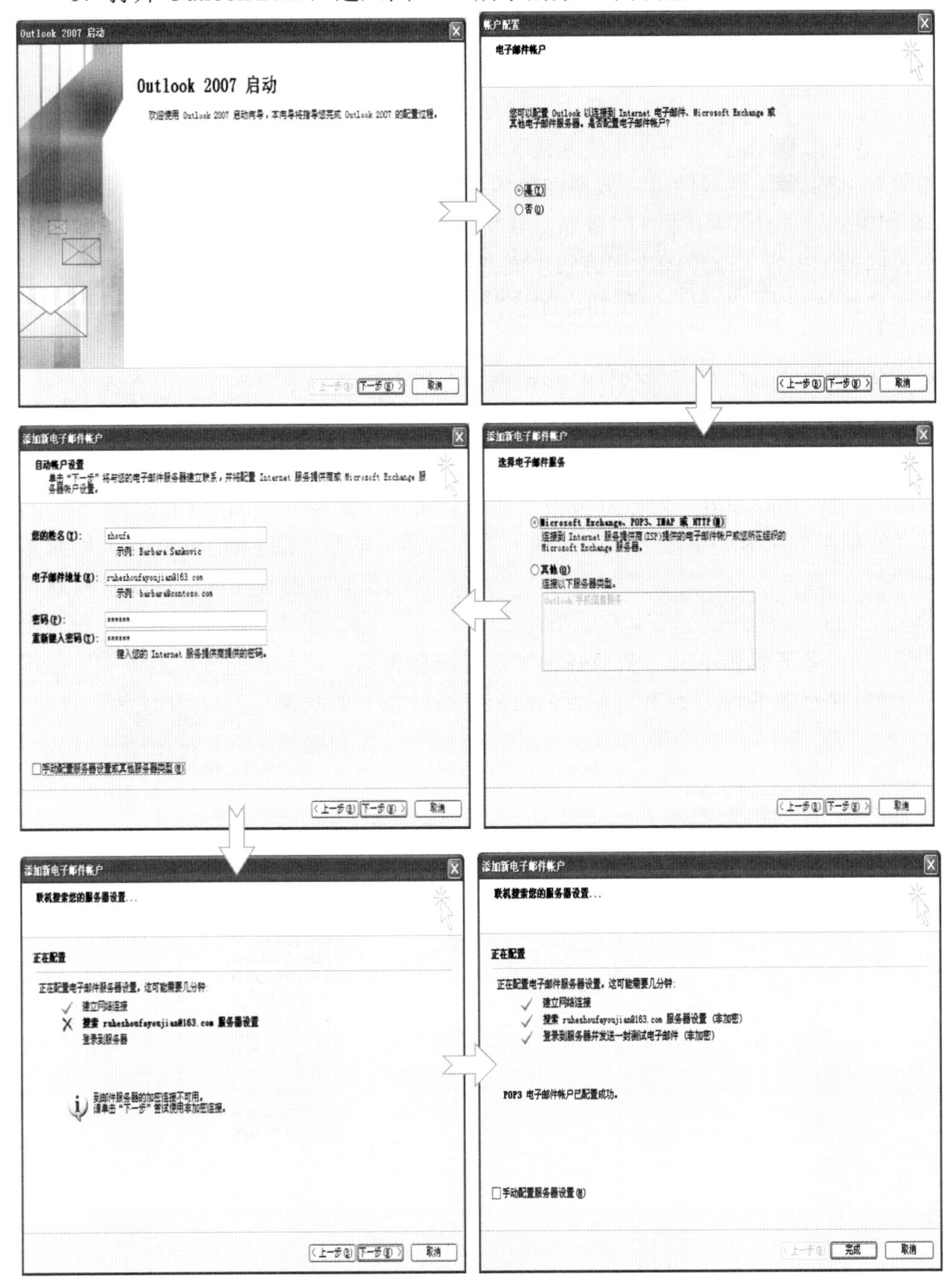

图 1-47　添加电子邮件账户界面

2．此界面仅是启动说明界面，无实际操作内容。点击【下一步】进入第二个界面。

提示 配置过程中，仔细阅读界面上的提示信息。若做错一步可能导致收取邮件不成功。

3．因要对 Outlook 进行设置，故在此界面中选择“是”，点击【下一步】。

4．第三个界面选择“Microsoft Exchange、POP3、IMAP 或 HTTP”，点击【下一步】。

5．在第四个界面中填入姓名、邮箱地址及密码等相应信息，点击【下一步】。

6．此时软件会对你所输入的信息进行验证，若不能通过验证，点击【下一步】。

7．出现图 1-47 中最后一个界面时，表示验证通过，点击【完成】就可以使用 Outlook 了。

打开 Outlook 后，其主界面如图 1-48 所示。

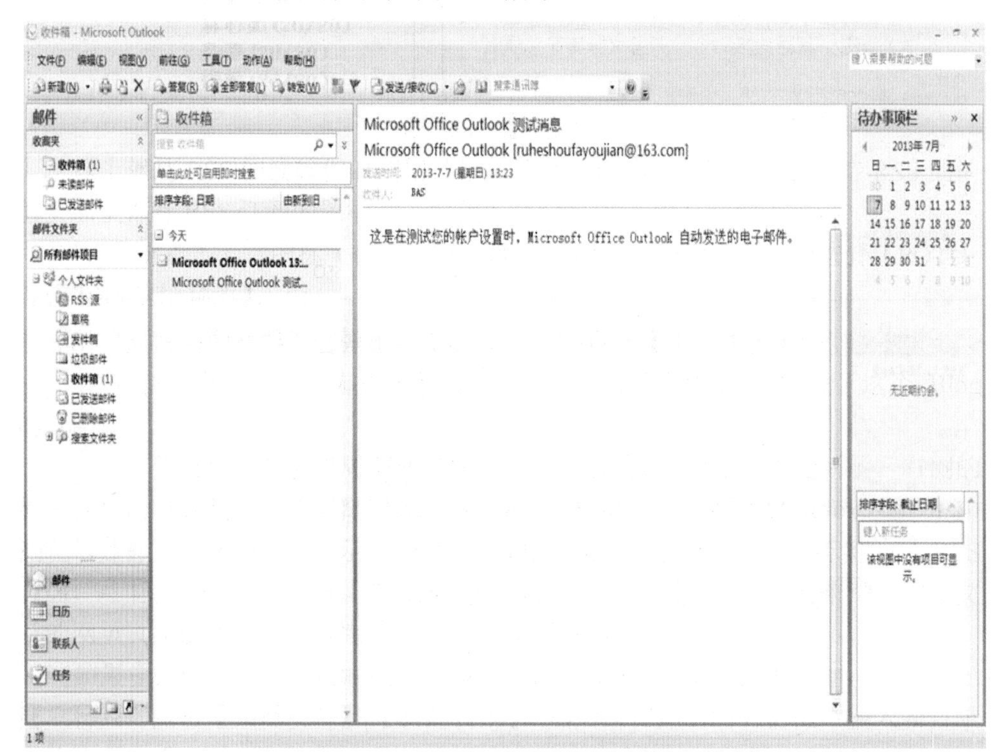

图 1-48　Outlook 主界面

使用 Outlook 接收邮件比较简单，直接点击【发送/接收】按钮即可。

想要发送邮件时，可以单击【新建】或使用快捷键【Ctrl+N】，这时我们可以看到 Outlook 的写信界面与一般邮箱的写信界面相差无几，撰写和发送的方法都非常相似，只要按我们上节介绍的方法去做就行了。在这里我们主要提一下网易邮箱和 Outlook 的邮件功能上的主要差异。

Outlook 是 Microsoft Office 办公组件的一部分，它集成了 Word 的排版功能，如图 1-49 所示，因此 Outlook 的排版功能要强于网易邮箱。它们的附件功能有一定的差异，在点击 Outlook【附件】时，我们会看到，它多了一个【项目】按钮，这个项目是用来添加邮件的，当你点击【项目】时，它会自动转到邮件的添加界面。这时你就可以把一封邮件作为附件发送给你想发送的人。再者，发邮件只是 Outlook 的功能之一，而网易邮箱是专门的邮件收发服务软件。

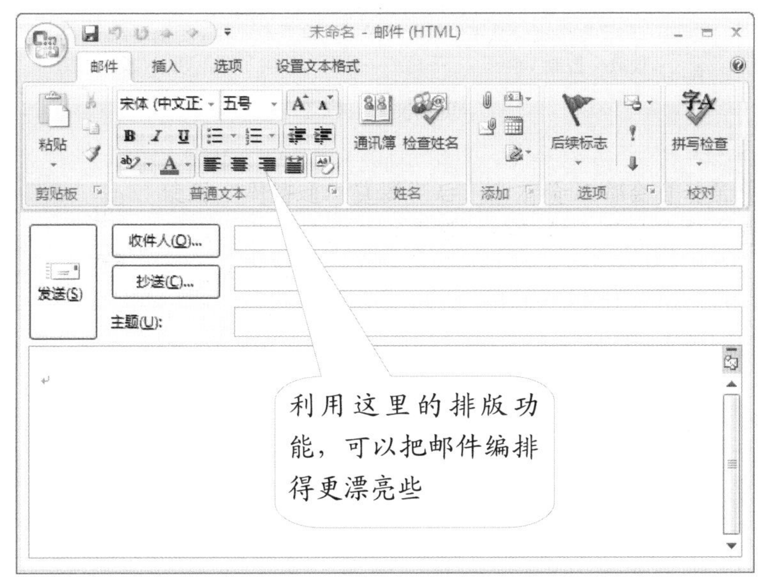

图 1-49　Outlook 的写信界面

博客是Blog的音译，源于Web-Log（网络日志）的缩写，而博客用户又被称为Bolgger。博客和它的瘦身版——微博，是一种全新的、时尚的，通过文字、图片、声音、视频等手段展示自我、分享感受的交流方式。

像电子邮件一样，任何人都可以免费注册博客空间，它能实现信息的发布和更新、网络互动、交流和沟通等功能。所以，博客能够火爆，是因为领先的模式，而不是技术。

博客越来越深刻地影响着我们的生活，甚至有些时候比新闻媒体更迅捷、更能发挥传播新闻事件的作用，当然在发布这样的信息时应当客观、公正，遵守国家的相关法律法规。博客的主要作用在于为人们提供了自由表达和写作的空间，能够实现知识或信息的过滤和积累，是深度交流沟通的网络新方式。

第二章

玩转博客

本章学习目标

◇ 申请博客

学会创建自己的博客，这样就可以使用博客了。

◇ 发表、管理日志

日志是博客的灵魂，本节学习博客日志的发表和管理。

◇ 博客模块与模板

想拥有独特的博客版面，就要学会模块和模板的运用。

◇ 博客的互动系统

网友的留言，系统的通知，尽在互动系统。

◇ 博客托管网站简介

想拥有博客，托管网站全部包了！

◇ 个人中心

处理各种消息和事务，全在个人中心。

◇ 微博的使用

学会如何成为微博的用户及微博的使用方法。

◇ RSS 软件简介

纵览博文，不必东奔西走，只需 RSS 订阅。

申请博客

博客（Blog）是继 E-mail（电子邮件）、BBS（网络论坛）、ICQ（网络即时通信软件）之后出现的第四种网络交流方式。2002 年由方兴东发起成立的博客网作为中国博客的开山鼻祖，以 IT 等行业的评论为特色，位居全球博客排名之首。而对于普通大众，拥有众多名人博客的新浪博客更适合做你的新家。这一章我们就以新浪博客为例介绍如何使用博客。

1．在浏览器地址栏中输入 www.sina.com.cn，并按【Enter】键进入新浪首页。在新浪首页上方点击【博客】或直接在浏览器地址栏中输入 blog.sina.com.cn 都可以进入新浪的博客首页，如图 2-1 所示。新浪网同样是类似于网易的通行证式管理，如果注册过新浪邮箱可以登录并开通博客。

图 2-1　新浪博客首页

2．单击页面博客首页导航栏中间的【立即注册】进入开通界面，如图 2-2 所示。在“手机注册”和“邮箱注册”两项中选择一种，注册过程可参考上一章。如果是已注册用户可以直接点击右侧的【直接登录】。

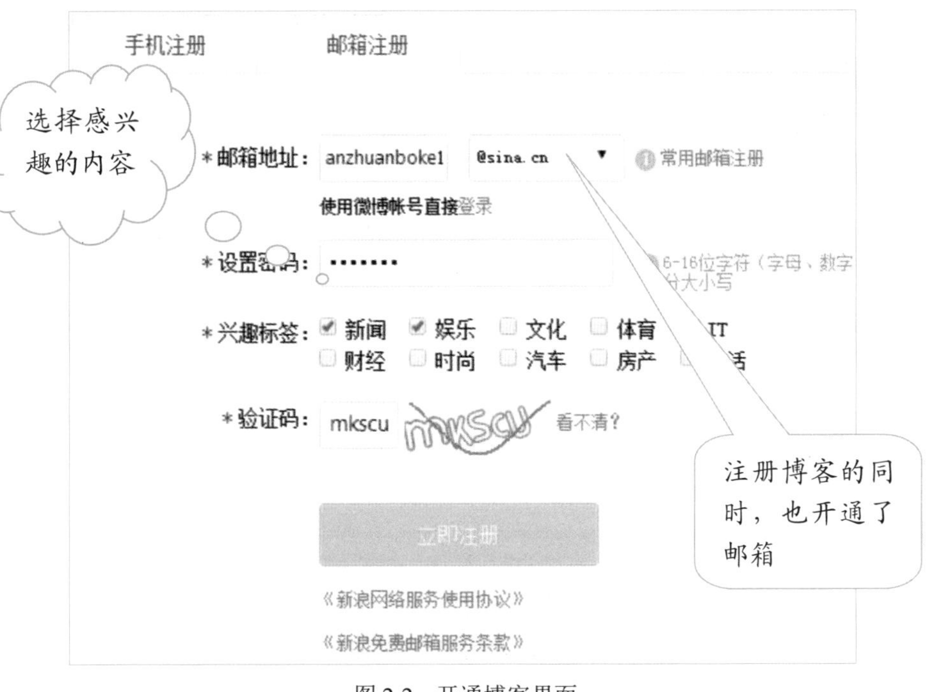

图 2-2　开通博客界面

3. 填写完上图的信息后，点击【立即注册】，得到如图 2-3 所示界面。

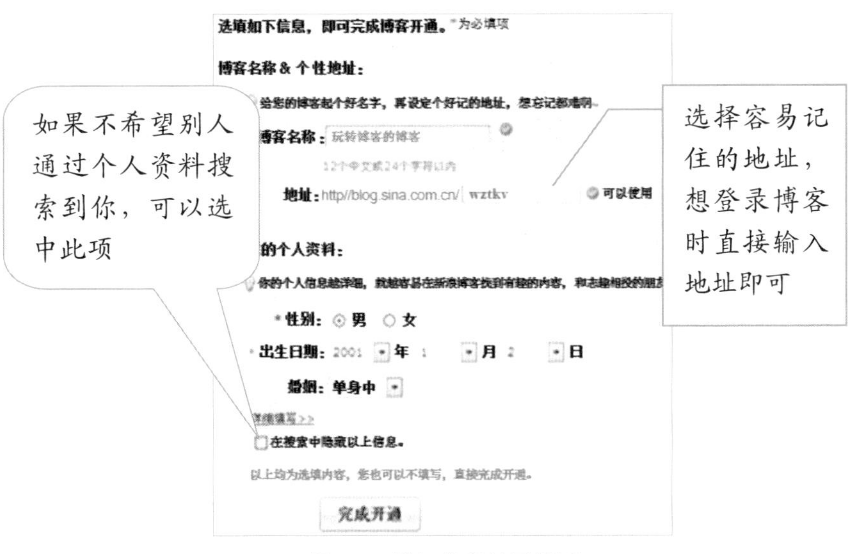

图 2-3　详细信息填写界面

提示 注册时，为自己起一个好听的名字和域名，对于自己博客的推广很重要。

4．将图 2-3 中空缺的信息填写完后，点击【完成开通】。

恭喜您，已成功开通新浪博客！

登 录 名：wanzhuanboke1@sina.cn

博客地址：http://blog.sina.com.cn/u/3420068112

快速设置我的博客

图 2-4　开通成功界面

5．出现图 2-4 所示的界面，表示博客注册成功。

6．点击【快速设置我的博客】，进入设置界面。

7．第一步是整体装扮。在这一步中，你可以选择一种页面风格，如图 2-5 所示。如果对页面上的四种风格不满意，可以点击【都不喜欢，换一组看看】，若不想设置这一步，可以点击【跳过这步】。选择完成后，点击【确定，并继续下一步】。

8．这一步是设置关注。如图 2-6 所示，头像右下角有对号标志，表示已经选定，没有则表示没有选定。选择完成后点击【完成】。

图 2-5　整体装扮

图 2-6　加关注

9．若出现图 2-7 所示的页面，表示整体设置已经完成，点击【立即进入我的博客】，进入博客页面。

现在就可以使用你的博客了。

恭喜您，博客快速设置已完成！

登录名：wanzhuanboke1@sina.cn

博客地址：http://blog.sina.com.cn/u/3420068112

立即进入我的博客

图 2-7　设置完成

发表、管理日志

新注册的博客首页可以说是一张白纸，需要你辛勤耕耘才能把它建成自己的网上天地。

尽管随着时代的发展，多媒体和互联网技术日新月异，出现了越来越多的图片博客和音乐、视频博客，但是文字仍是博客的主要呈现方式。作为一个 Blogger，你要知道的第一件事就是：内容永远都是博客的灵魂。要想让你的博客人气兴旺起来，最重要的就是坚持更新。这一节你将了解如何发表和管理日志。首先我们来仔细观察新浪博客的界面。

1．点击博客页面右上部分的【发博文】，进入博客的文字编辑器，如图 2-8 所示。

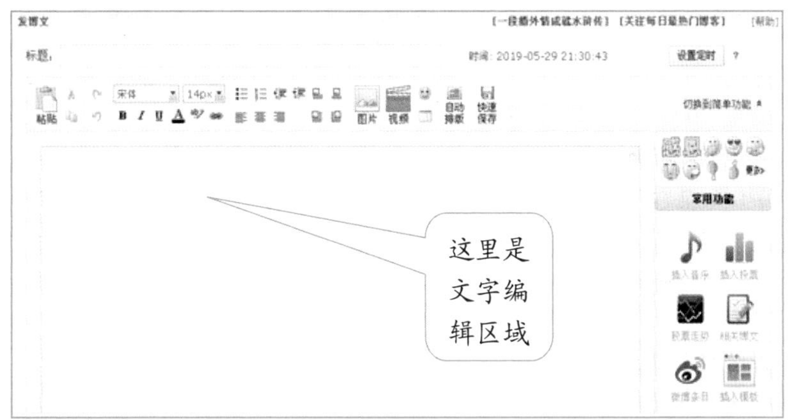

图 2-8　文字编辑页面

2. 首先输入文章标题，然后在下方的空白处输入文章的正文。大多数博客的文字编辑器都类似于 Word 文字处理软件，可以编辑文章的字体、大小、颜色，插入表情符号、图片甚至视频来丰富日志的内容。

3．正文编辑好后，转到正文编辑区的下方，对文章选项进行配置，如图 2-9 所示。

图 2-9 文章选项配置

首先选择文章的分类。一开始你需要建立自己的文章分类，如日记、随笔等，这样，既便于读者查阅，也便于自己管理文章。

标签栏中，可以输入几个和文章内容相关的词语。这样方便其他人通过关键字搜索找到你的文章，以增加阅读量。文章标签起到概括文章、突出关键词的作用，比文章分类更加精细地反映了文章内容。文章发表后可以通过点击标签查看使用相同标签的文章，还可以使你的文章有机会被搜索引擎搜到或出现在新浪博客首页的相关话题中。一篇文章可以使用多个标签。

在“设置”栏中，可根据你的需求来设置相关的内容。

提示 如果你的博文质量够高，话题够热门，你的投稿就有可能被使用。这会大大增加你博客的访问量。

还可以点击【预览博文】查看编辑的效果，如有需要可进行适当的修改。

点击【保存到草稿箱】将把文章存进草稿箱。点击【发博文】，出现图 2-10 所示的对话框就表示你的文章成功发表了。

图 2-10　博文发表成功

新发表的日志会显示在日志栏原有日志上方，每篇日志下方都会有一栏显示评论数和阅读数（括号中的数字），如图 2-11 所示。点击【转载】会弹出写新日志的文字编辑器，其中将附有原来这篇文章的链接地址，系统还会替你在被引用的文章留言说明你的引用；点击【圈子】可以查看此文章加入的圈子；点击【编辑】会打开文字编辑器进行编辑；点击【有奖举报】可向新浪举报文章中的不良信息。

图 2-11　查看博文界面

提示　如果你的博文够好，就会有阅览者将你的博文转载到其他地方，这样也会提高你博客的浏览量。总之，只要博文好，就不怕别人看不到。

下面介绍日志的管理。

1．在博客首页点击右上方的【管理】，进入博客管理页面，如图 2-12 所示。

2．点击左侧的快捷栏草稿箱（存入草稿的文章）和“回收站”（已删除的文章，可以恢复）等，可以管理相应文件夹内的文章。

博文 [管理]

· 全部博文(6)

· 私密博文(0)

· 草稿箱(0)
· 定时发布(0)
· 回收站(0)

· 博文收藏(0)

特色博文

· 影评博文(0)
· 365(0)

全部博文(6)

全部 | 含图片 | 含视频 | 手机发表

标题	时间	操作
· 我的第一篇文章	2019-06-19 18:21	[编辑] 更多▼
· 用博客记录你的生活	2019-06-18 20:27	[编辑] 更多▼
· 博客的托管	2019-06-17 22:10	[编辑] 更多▼
· 2019年06月17日	2019-06-17 22:03	[编辑] 更多▼
· 博客越来越深刻地影响着我们的生活	2019-06-17 21:41	[编辑] 更多▼
· 欢迎您在新浪博客安家	2013-05-12 17:16	[编辑] 更多▼

图 2-12　博客管理页面

3．还可以点击文章标题后面的【编辑】【更多】等，管理文章。

提示　私密博文就是只能自己看到而别人看不到的文章。当你的文章不想被别人看到，而是作为自己的日记时，可以将博文放到这个目录中。

至此，你已经学会了如何发表和管理日志。想让更多的人看你的日志吗？请看下节。

博客模块与模板

虽然看事物不能光看外表，但博客毕竟从某种意义上讲是一种宣传，宣传就不单要靠实力了，现在是“酒香也怕巷子深”的时代。装饰博客不要太华丽，太过花哨反而会影响读者的阅读心情和网页的访问速度。模块设置最好少而精，充分利用有限的主页空间。模板设置要既符合文章的风格又能展现你独特的个性。本节将介绍有关博客模块与模板的设置。

提示　对博客的装饰，就好像是对房子的装修。适当的修饰也会增加访问者阅读博文的兴趣。

打开博客的管理页面，点击【页面设置】，出现如图2-13所示的页面。首先可以进行风格设置，在此页面中，可以设置博客的模板。模板决定了博客页面的整体风格，你可以从几百个模板中选择一款自己喜欢的，选中后，点击【保存】。

图2-13 风格设置页面

点击上方的【自定义风格】，页面如图2-14所示。该页面可以设置整个博客的色彩、背景等。该页共有以下几个子项：

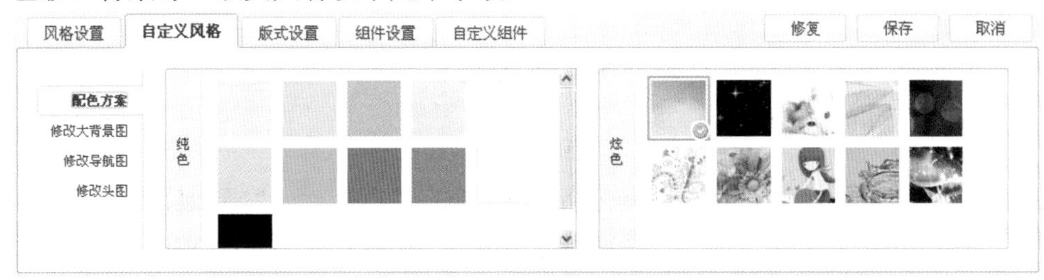

图2-14 自定义风格页面

- 配色方案：该项可以修改页面的整体色彩。
- 修改大背景图：在此项中，可以将整个博客的背景修改为自己的图片，这样将会使博客更加个性化。
- 修改导航图：在这一项中，可以对导航栏进行个性化设置，也允许使用自己的图片。
- 修改头图：在这一项中，可以修改博文上方的图片。

点击【版式设置】，页面如图2-15所示。

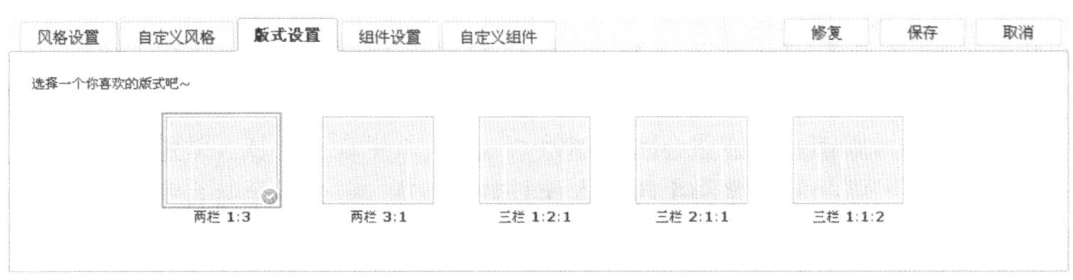

图2-15 版式设置页面

在此页面中，主要设置博客的版式，选择一种版式，可以自由调整每个板块的位置。

点击【组件设置】，页面如图 2-16 所示。此页面主要设置页面上的功能组件，也就是在页面上显示哪些模块。若图中的各项被勾选，并且显示绿色，表示其将在页面上显示。各种组件，可以按照喜好进行选择。

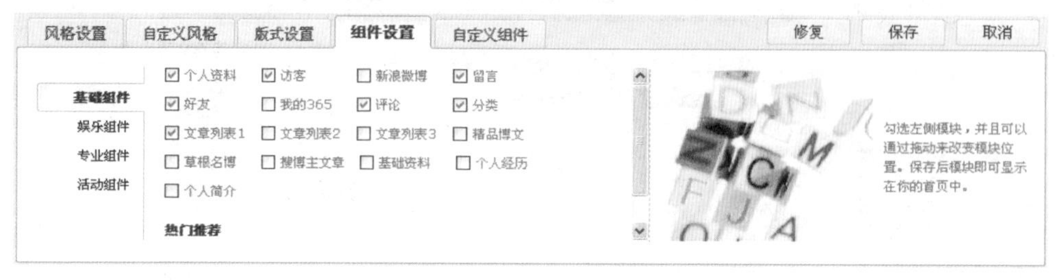

图 2-16　组件设置页面

点击【自定义组件】，页面如图 2-17 所示。在这个页面中，可以自己制定组件，组件大小及显示内容可按需要定义。

图 2-17　自定义组件页面

提示　自定义组件可以让你随心所欲地表现自己的内容；列表组件可以整齐地显示内容；文本组件可以自由地显示内容。

以上各项设置完成后，可用各组件首行的上、下箭头安排各组件的位置，然后点击【保存】保存更改。

博客的互动系统

博客是一个交流的平台。大多数人建博客写日志都是为了给大家看，与博友们分享经历、交流思想，这光靠日志是不够的，还要靠博客的互动系统。一般博客网站都有评论、留言和站内信件等功能，如图 2-18 所示，以方便博友之间直接的文字交流。很多新朋友也是通过评论和留言慢慢互相了解、增进友谊的。本节就来介绍博客的互动系统。

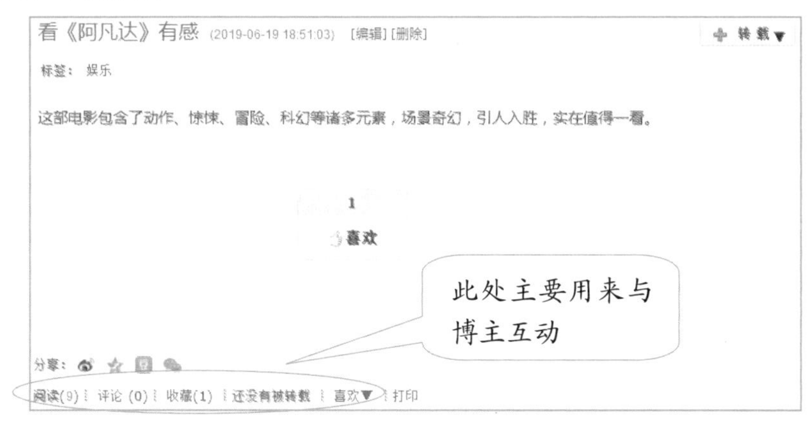

图 2-18　一篇文章的互动系统

点击图 2-18 中右上角的【转载】，可以转载文章。“阅读”表示该文章被浏览过，“收藏”表示该文章被收藏过。括号内的数字表示次数。下面介绍一下“评论”的用法。

1．点击日志最下方的【评论】即可进入这篇日志的单独链接。

2．每篇文章单独链接的下方都会显示此文章的评论，如图 2-19 所示。

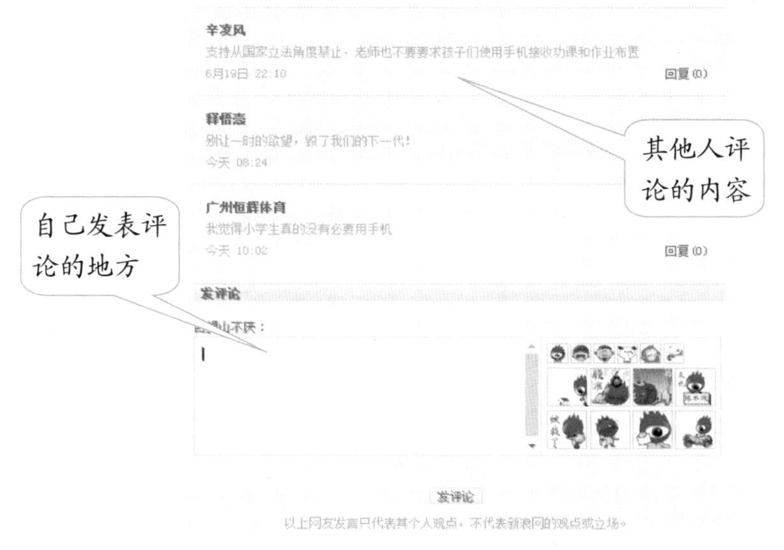

图 2-19　评论功能

提示 转载是对文章的一种认可。不同的网站往往会聚集不同的人，所以转载后会让更多的人看到被转载的文章。

每篇日志的评论区分为两部分，一部分显示其他人的评论，另一部分是自己发表评论的地方。对于其他人发表的评论，博主点击【回复】可以针对某人的评论而评论，也就是与评论者互动。若不想看到某人的评论，可以点击【删除】。如果某人的评论不适宜发表，比如黄色、暴力等内容，可以点击【举报/Report】。

想对别人的文章发表评论时，在“内容”框里输入评论内容，再输入正确的验证码，点击【发评论】即可。

提示 评论是一个人对一篇文章的态度，也是对作者辛勤劳作的一种回馈。所以，在浏览他人文章时，要养成评论的习惯。

文章评论会按时间顺序从最新的一条依次显示在最新评论模块。

除了转载，还可以分享文章。转载一般是在同一个网站内进行，而分享则可以在不同的网站间进行。在每篇文章正文的下方、评论区的上方，就是分享区域。如图 2-20 所示。

分享：
阅读(2870) | 评论 (9) | 收藏(2) | 禁止转载 | 喜欢▼ | 打印 | 举报/Report
前一篇：喜闻乐见，防骗宣传的关键
后一篇：“扶贫夜校”让每家都有政策“明白人”
评论　重要提示：警惕虚假中奖信息　[发评论]
博爱慎行之博客
欣赏佳作，感谢分享，欢迎回访！
5月29日 08:35　回复(0)
走着瞧摄影
好作品，喜欢。
5月29日 09:50　回复(0)
小树苗
明智之举
6月14日 23:15　回复(0)

图 2-20　分享功能

分享区有 4 个小图标，分别代表着“分享到新浪微博”“分享到 QQ 空间”“分享到豆瓣”和“分享到微信”4 种分享方式。前 3 种，用鼠标单击代表分享方式的图标即可进入相应的分享操作，后一种则需要使用手机微信的扫一扫功能。

这里以“分享到微信”为例，将博文分享到你的手机微信中。用鼠标指向“分享到微信”图标，会弹出如图 2-21 所示的微信二维码图案。

图 2-21　微信分享二维码扫描界面

拿出你的手机用微信“扫一扫”功能扫描此二维码，此文将出现在手机上。点按手机右上角的“分享”按钮，就可以将其分享给朋友了，如图 2-22 所示。

图 2-22　分享给微信朋友

另外一个值得一说的互动功能就是留言。

在博客首页，有一个如图 2-23 所示的留言模块，上面有别人的留言，以及【写留言】按钮。

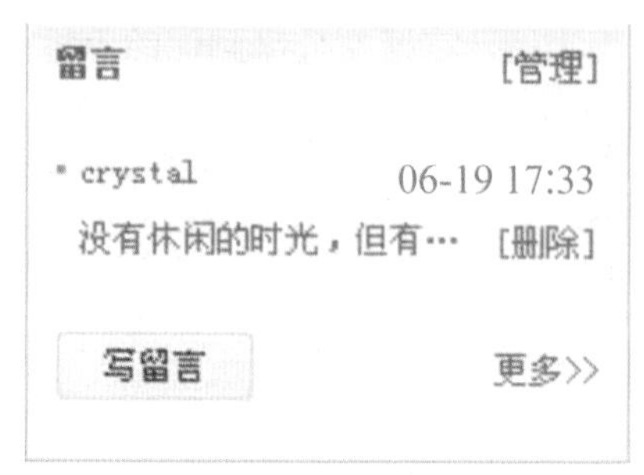

图 2-23　留言模块

1. 点击【写留言】就会进入博主个人的留言板，如图 2-24 所示。留言板会显示所有的留言，同样在最下方是留言栏。

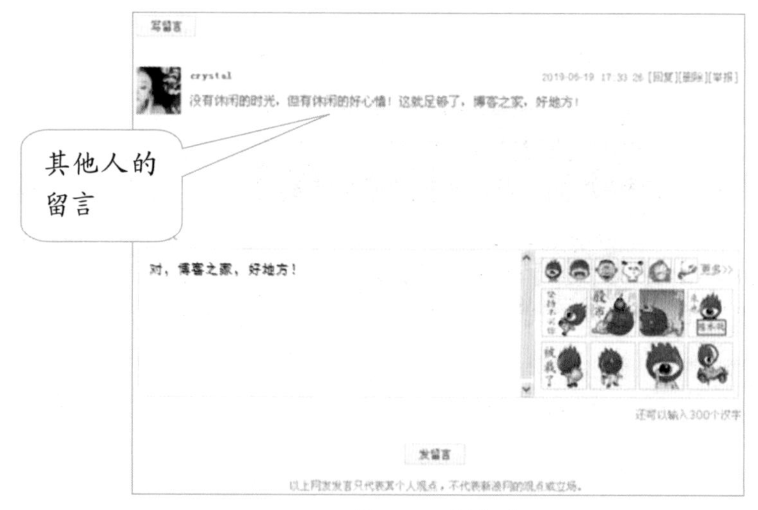

图 2-24　留言板

2. 在留言栏输入留言内容。

3. 单击图 2-25 所示的【点击按钮进行验证】按钮，进入验证界面。

图 2-25　留言板

4. 如图 2-26 所示，按照提示，用鼠标拖动滑块将界面上的缺口合上。待出现“验证成功”的提示框后，点击【发留言】按钮即可将所写留言发送出去。

图 2-26 进行拼图验证

最新留言模块同样会按时间顺序显示留言，以方便博主查看。

同样的，点击【回复】可以回复其他人的留言。点击【删除】可以删除留言。点击【举报/Report】可以举报留言者的内容。

在内容框右侧还有一些表情。很多时候使用一个表情，往往比文字更能够表达自己的心情。

提示 留言与评论的区别是，留言不针对某个话题，仅是你想对博主所说的话；而评论是你针对某篇文章发表的看法。

新浪博客的站内信件系统称为纸条箱，其功能同邮箱既有相同之处又有不同之处。邮箱需要收件人的地址，并可以发送多媒体信件及添加附件。而大多数站内信件系统只支持文字信息的传递，并且通过用户名来确定收件人。

提示 站内信是区别于留言的另一种沟通方式。留言可以被所有读者看到。而站内信只能被发信者和收信者看到，私密的话题适合于站内信。

在对方首页个人信息栏点击【发纸条】，将会弹出纸条发送框。在框中输入纸条内容，然后点击【点击按钮进行验证】按钮，进入验证界面。验证成功后点击【发纸条】按钮即可发送纸条。纸条发送过程如图 2-27 所示。

图 2-27　发纸条过程

新浪纸条箱有新信息提醒的功能。当你有新纸条时首页会有醒目的标注语，点击即可直接查看。

博客托管网站简介

博客的托管网站不仅是登录博客的入口，更是展示博客的平台。在这里你可以寻找自己感兴趣的话题，看看各位博主有何高见；你也可以搜索与自己志趣相投的朋友，说不定还能邂逅可遇不可求的知音。如果你的文章登上了首页，既证明了你的文笔与思想见地已经达到了一定水平，同时也能使你的博客受到更广泛的关注。

图 2-28 是新浪博客首页，虽然看上去和新浪主页差不多，也是分为各种主题的栏目，但其实点击一篇文章，你就会发现不知不觉已经进入了别人的博客。事实上，博客网站首页相当于一个博文大目录，当然，进入这个目录的文章都是经过编辑精心挑选的。

图 2-28　新浪博客首页

点击一篇文章的标题，就进入了如图 2-29 所示的页面，这里可阅读文章正文。

想找你感兴趣的偶像明星、专家学者，还是作家诗人吗？“博客名录”可以帮你的忙。如图 3-30 所示，点击新浪博客首页的【排行榜】>【博客名录】，可进入如图 2-31 所示的“博客分类检索”页面，查看要找的名人所在的相关领域，再点击要查找的人名就可以进入他或她的博客了。

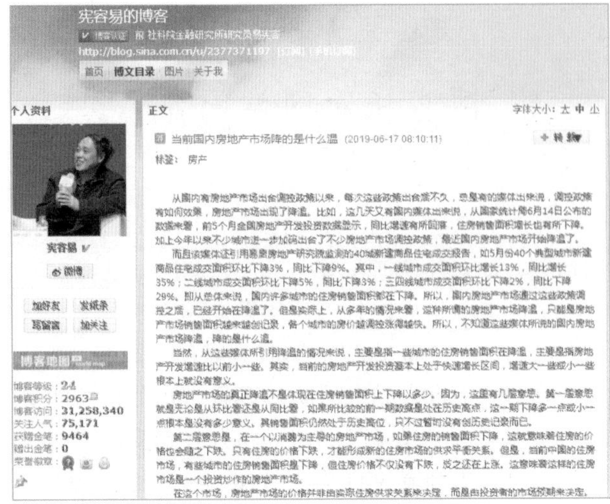

图 2-29　博文页面

图 2-30　博文页面

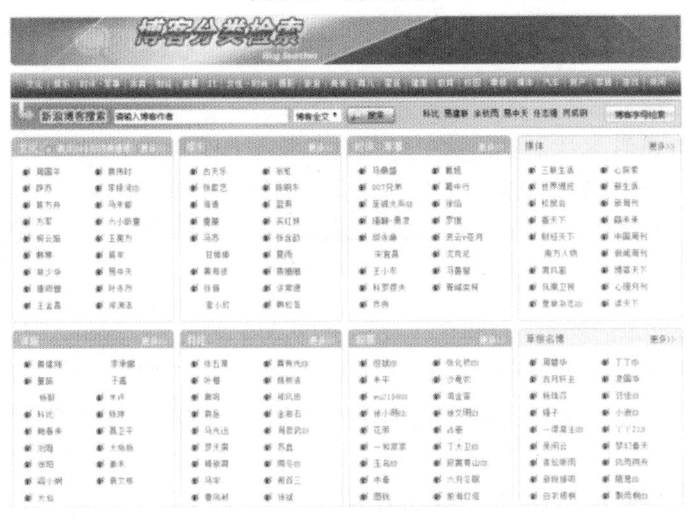

图 2-31　分类博客名录

提示 博客分类检索中，都是当前分类下比较有影响的"名博"，这些人的博客不但访问量大，而且博文质量高、更新速度快。

图 2-32 搜索

如果你懒得在这人名的大海里“捞针”，可以使用搜索功能。如图 2-32 所示，在导航栏的下方靠右的位置，有个搜索的功能。在输入框前面选择作者，然后在输入框内输入你要查找的人的名字，点击后边的按钮就会出现与关键词匹配的结果，即可缩小搜索范围，在新打开的页面中查找。在关键词输入框左边的类型栏中还可以选择搜索博文、标题、标签等。

提到搜索，国内著名的即时通信软件 QQ 也有自己的博客服务，它包括在称为“QQ 空间”的功能之中。QQ 空间(Qzone)是腾讯公司在 2005 年开发出来的一个具有个性空间的 QQ 附属产品，自问世以来受到众多人的喜爱。下面来看看如何进入到你的 QQ 空间之中。

图 2-33 QQ 界面

登录你的 QQ 后，可以看到界面上方有一排小图标，如图 2-33 所示。将鼠标指向第一个图标，其下方会显示“QQ 空间”字样的提示，这时按下鼠标就可进入图 2-34 所示的 QQ 空间了。

图 2-34 进入 QQ 空间

在 QQ 空间上可以写日记，也就是写博客，上传自己的图片、听音乐、写心情，通过多种方式来展现自己。除此之外，用户还可以根据自己的喜爱设定空间的背景、小挂件等，从而使每个空间都有自己的特色。下面我们就来写一篇日志吧。

1．在 QQ 空间界面上单击“日志”菜单选项调出日志编写命令，如图 2-35 所示。

图 2-35　调出日志编写命令

2．单击 T 写日志 按钮进入日志编写界面，如图 2-36 所示。

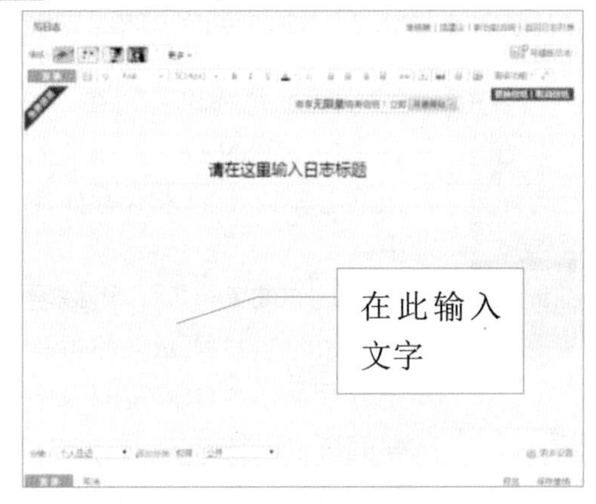

图 2-36　日志编写界面

3．在标题提示区输入日志的标题，在文字输入区输入相关的文字，如图 2-37 所示。

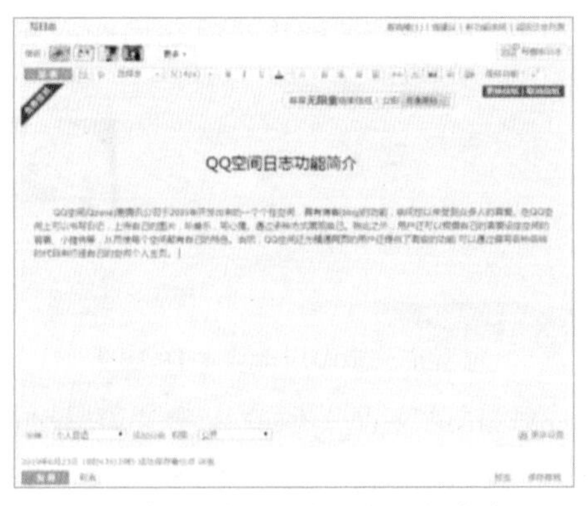

图 2-37　输入日志的标题与内容

4．完成文字输入后在界面的下端选择相应的分类和权限，如图 2-38 所示。然后点击【发表】按钮即可将日志发表在你的空间里，如图 2-39 所示。

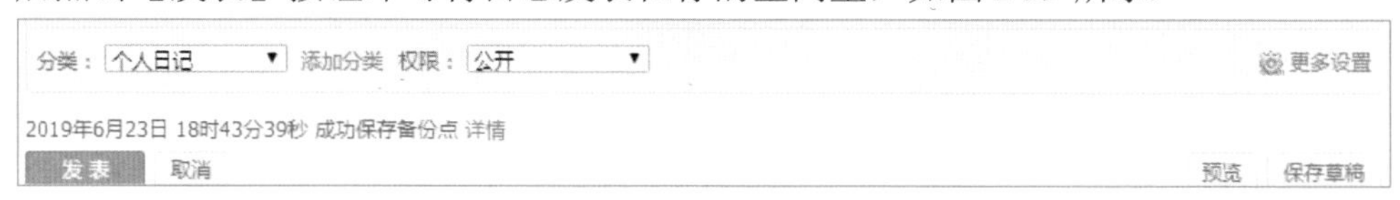

图 2-38　确定日志的分类和权限

图 2-39　发表的日志

由于博客托管网站用户定位、功能特色的不同，博客首页的内容也有比较大的差异。比如 QQ 空间就没有博客文章的推荐，也没有点击率排行，更多地是在好友间分享。博客首页风格多样，这里仅举两个例子，更多精彩留给读者自己去探索。

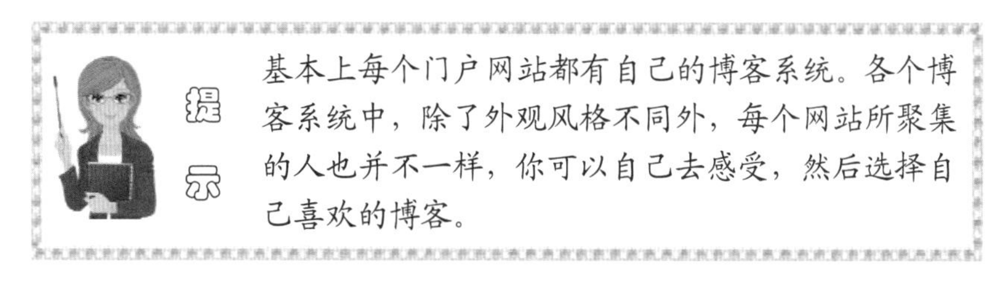

基本上每个门户网站都有自己的博客系统。各个博客系统中，除了外观风格不同外，每个网站所聚集的人也并不一样，你可以自己去感受，然后选择自己喜欢的博客。

个人中心

想知道你的博友在现实中是什么样的人？除了通过博客文章，你还可以查看他或她的个人资料。“个人中心”就是关于博主个人资料的页面，也是作为博主的你展示自己个性的前沿阵地。通过完善你的个人资料，包括基本资料、兴趣爱好、职业事业等，可以让博友们更加了解你。本节介绍一下新浪博客的个人中心。

1．点击自己博客上方的【个人中心】，就能进入如图 2-40 所示的“个人中心”首页。

图 2-40　个人中心首页

2．点击自己的头像，会进入如图 2-41 所示的修改资料页面。

3．点击【浏览】，从本机选择一张图片，单击【上传】即可修改个性头像。

接下来可以填写自己的个人资料了。点击【个人信息】，填写性别、个人经历、个人简介等信息。如果个人信息涉及个人隐私，可在隐私设置中修改查看权限。可在“我的资料不进入找朋友搜索”和“别人可以在找朋友搜索中找到我”中选择一个。填好后不要忘记点击【保存】。

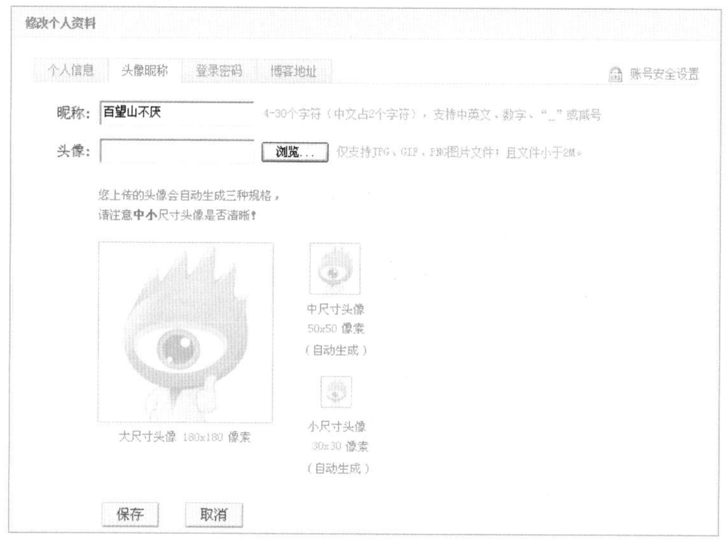

图 2-41　修改个人资料页面

提示 使用博客等社交型网站，除了展示自己，最重要的就是结识新朋友。所以个人资料至关重要，这是别人认识你的第一步。

个人中心的右侧，是关于整个账号信息和设置的地方。有“个人中心首页”“内容管理”“消息”等各项功能。点击【个人中心首页】，页面就会跳转到个人中心的首页。点击【内容管理】，会出现一个列表，如图 2-42 所示。这里主要用来管理你发表过的内容以及收藏的内容。比如发过的博文、相册等。点击【我的博文】，就可进入博文的管理界面。其他链接亦是如此。同内容管理一样，博友管理的功能主要用来管理好友，其列表形式如图 2-43 所示，同样点击各链接可进入相应的管理界面。

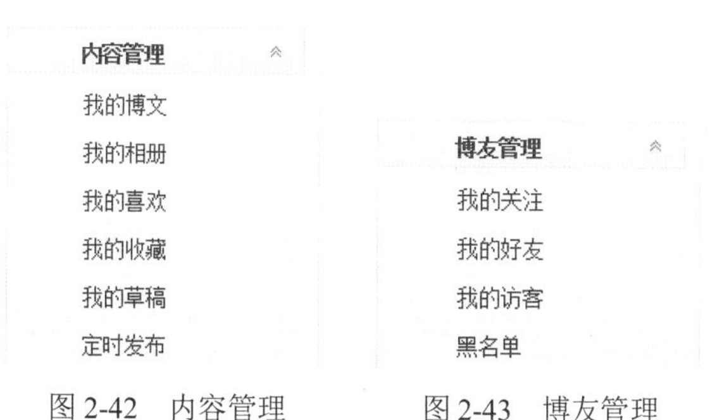

图 2-42　内容管理　　　　图 2-43　博友管理

点击【消息】可以看到哪些博友对你的博文进行了评论和收藏等，其页面如图 2-44 所示。

图 2-44　消息页面

在博友管理的下方是【设置】，可以进行账号、权限等设置，这些可以按照自己的意愿去管理。

点击【推荐关注博主】展开其列表，然后点击最下角的【排行榜】按钮，如图 2-45 所示。这时会进入到图 2-46 所示的新浪博客排行榜页面，在这里你可以看到从娱乐、财经到时尚、情感等方面的热点博文。根据自己关注的角度，可以通过【总流量排行】【每日排行榜】【每周人气榜】【总关注度榜】和【月关注度榜】等分类按钮来选择感兴趣的博文。

图 2-45【排行榜】按钮

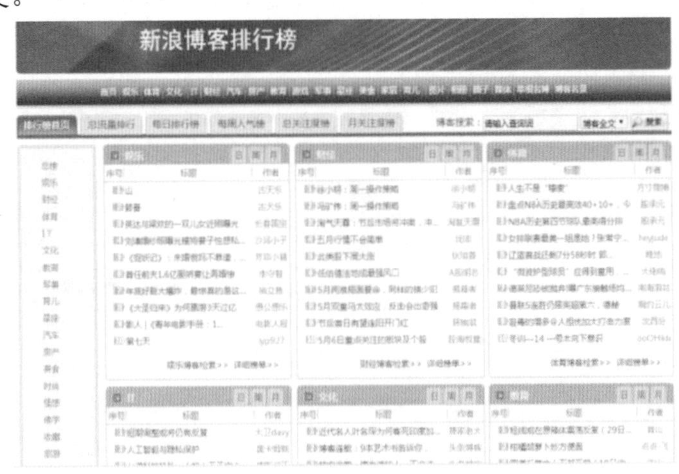

图 2-46　新浪博客排行榜页面

微博的使用

新浪网继成功推出博客服务后，又推出了在使用上更为便捷的微型博客社交平台——新浪微博。微博可以理解为“微型博客”，早期因有字数限制（如 140 个字），所以又被形象地形容为“一句话博客”。用户可以将看到的、听到的、想到的事情写成一句话，或发一张图片，通过电脑或者手机随时随地分享给朋友，因而受到了人们极大的欢迎。随着微博使用的日益广泛，作为一种新兴的网络交流方式，它不仅可以输入图片、视频，也不再受 140 个字的限制，大有后来者居上之势，成为了现在人们在社交平台上使用最多的工具之一。因微博和前面介绍的博客在使用上有较多的相似之处，下面我们就来简单地介绍一下新浪微博的使用方法。

要想使用微博，首先需要注册一个自己的新浪微博账号。注册步骤如下：

1．在新浪官网首页最上方的导航栏中点击【微博】进入新浪微博首页，如图 2-47 所示。

图 2-47 新浪微博首页

2．点击页面上方的【注册】进入新浪微博注册的界面，如图 2-48 所示。按照图中的提示填入各相关信息及通过手机获取的校验码。

3．点击【立即注册】按钮进入图 2-49 所示的完善资料界面，在此可以给自己起个昵称等。

4．点击【进入兴趣推荐】按钮进入兴趣推荐界面，在此选择自己感兴趣的领域，如电影、体育健身、历史、科学科普等，如图 2-50 所示。

图 2-48　填写注册信息

图 2-49　完善个人资料

图 2-50　选择自己感兴趣的领域

5. 点击【进入微博】按钮将完成注册过程并进入到你的微博之中，如图 2-51 所示。

图 2-51　开通后的微博

现在微博已经开通了，我们来看看它是如何使用的。

页面上方的空白矩形方框就是编写微博的地方，在这里你可输入文字、表情、图片、视频等。在输入内容之前，可以点击方框下方的【话题】来给微博指定一个话题，使其有个分类属性。虽然现在的微博不受 140 字的数量限制，但鉴于微博的特点，应尽量使自己的博文简短精辟为好。当然，如果要发表长篇大论的文字，可以选择编辑框下方的【头条文章】功能来进行编写。输入完毕内容后，点击方框右侧的【公开】以选择微博的发布范围，如图 2-52 所示。点击【发布】按钮，这篇微博就可以发布到你所指定的范围里了。

点击微博编辑框下方的【···】可以展开更多的微博功能，如图 2-53 所示。

图 2-52　选择微博发布范围

图 2-53　更多的微博功能

在这里除了可以添加音乐外，还可以做视频直播，但你需要通过私信的方式获得微博的官方授权（图 2-54）；如果你对某类话题特别有兴趣，希望能与相同爱好的人一起交流，则可以点击【超话】搜索该话题（图 2-55）并参与其中的讨论。

图 2-54　微博视频直播功能　　　　图 2-55　使用【超话】功能

在微博的个人首页有一组关于微博用户的互动功能，这里对它们做一个简单的介绍。“最新微博”是你关注的博主最新发表的微博；如果你所关注的博友，他（她）也同时关注了你，这样你们就构成了“好友圈”，大家可以像在 QQ 里聊天那样进行私信交流，如图 2-56 所示；“特别关注”就是你关注的人发表微博后，能够在第一时间提示你；“V+微博”是经过认证的、更有影响力的机构或个人的微博；“群微博”类似手机微信中的群，供特定的博友在一起分享自己的博文；也许你对某个博主很感兴趣，但并不希望对方知道你在关注他（她），则可以选择“悄悄关注”。

图 2-56　好友间的私信交流

RSS 软件简介

RSS 简单地说是一种描述和同步网站内容的格式。我们只要了解 RSS 软件的用途就能大致明白它的含义。RSS 软件的主要功能是“订阅”网络上的新闻和博客，通过 RSS 软件可以直接看到你所订阅的新闻主题和博客的更新，省去了访问各个站点的麻烦，也不必刷新页面来查看某个博客的实时更新。目前，大部分博客都支持 RSS 技术。

“周博通浏览器”是目前最流行的免费 RSS 阅读器之一，界面友好，分类清晰，操作简单。内置新浪网、新华网、天极网、计世网等数百个 RSS 新闻源，不用打开网页就可第一时间阅读自己喜欢的新闻。安装好软件以后双击打开会出现如图 2-57 所示的界面。可以看到界面左侧有一栏树状结构“我的频道列表”，形式类似于 Windows 的资源管理器，经过一段时间的载入，这里会显示“周博通”软件默认订阅的一些主流热点频道。

提示 使用“周博通浏览器”的好处是，你不用打开各个网站即可看到许多网站的文章。省去了打开各个网站的时间。

图 2-57 “周博通浏览器”首页

在图 2-58 所示的页面点击【名人 Blog】|【徐静蕾】就可以看到徐静蕾新浪博客的文章。

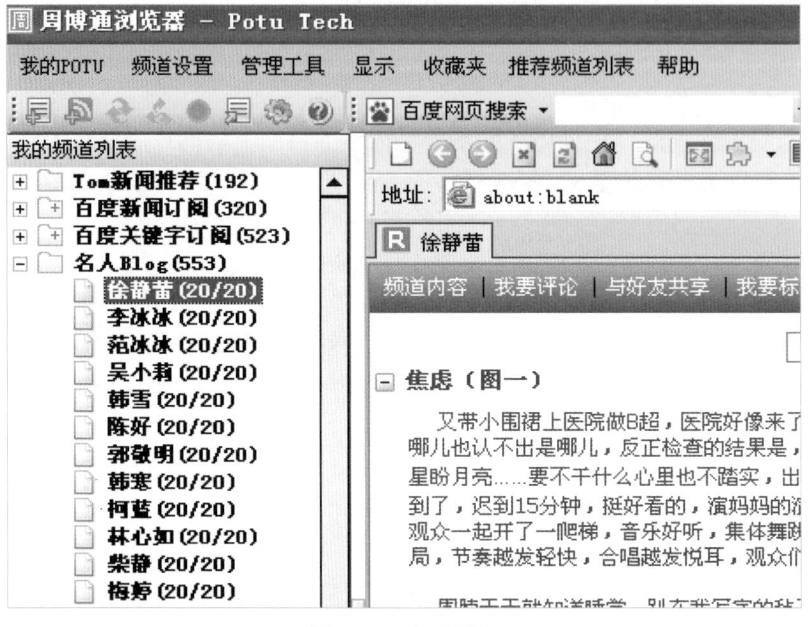

图 2-58　查看博文

以上就是 RSS 阅读软件的使用效果。那么怎样添加订阅呢？在支持 RSS 的博客页面上都有 RSS 订阅的图标。下面我们介绍具体的 RSS 订阅方法。

1. 右键点击 RSS 图标（有些新版本是 XML 图标），在弹出菜单中选择【POTU：订阅 RSS 地址频道】。

2. “周博通浏览器”会弹出一个界面，直接点击【下一步】。

3. 在新弹出的窗口中选择一个频道，然后点击【完成】，就完成了这个 Blog 的订阅。

以后，你就可以通过“周博通浏览器”直接查看这个 Blog 的更新了。右侧的显示窗口同时也是一个内嵌浏览器，像遨游（Maxthon）、火狐（Firefox）和 IE10 浏览器那样，以选项卡式显示多个网页，如图 2-59 所示。其中有 R 标签的是 RSS 页面，e 标签的是网页页面。在 RSS 页面可以点击某篇文章的标题来进入这篇文章的网页页面链接，以查看完整版本并添加评论等。

如果觉得已有目录中收藏项目过多，找自己添加的 Blog 很不方便，可以自己建立目录。点击【频道设置】|【新建目录】，然后，在弹出的对话框中输入新目录名称，点击【OK】即可。

地址: about:blank

百度一下，你就知道　徐静蕾　徐静蕾 -新浪BLOG

频道内容 | 我要评论 | 与好友共享 | 我要标注Tag | Tag(31) | 评论(77

搜索　排序:默认

焦虑（图一）

又带小围裙上医院做B超，医院好像来了一款更清楚的B超机器，医生一
哪儿也认不出是哪儿，反正检查的结果是，小小猫发育得很正常，并且已
星盼月亮……要不干什么心里也不踏实，出门都紧张。晚上去看《妈妈
到了，迟到15分钟，挺好看的，演妈妈的演员唱的很好，不过，保利这么
观众一起开了一爬梯，音乐好听，集体舞跳得很容易感染快乐的气氛，悲
局，节奏越发轻快，合唱越发悦耳，观众们都快跟着跳了起来。

围脖天天就知道睡觉，趴在我写字的毡子上趴上了瘾。围裙在我周围哈
以为她就要生了，瞎紧张了半天，结果老是没事儿，我的姑奶奶，您到底
团转，顾前不顾后慌了神了，要是一个孩子……天呐，焦虑，焦虑。

图 2-59　博文浏览

提示

使用“周博通浏览器”后，所有资讯都会自动呈现给你，省去了使用浏览器、登录各个网站博客查看文章的麻烦。

在互联网上论坛一般指的是BBS（Bulletin Board System的缩写，意为“电子公告版”），简单地说，它提供了一块公共电子白板，每个用户都可以在上面书写、发布信息或提出看法。

早期的BBS只有公布股市价格等类信息的功能，甚至不能传输文件。那时互联网和个人计算机还没有普及，BBS只不过是一种通过计算机传播消息的方式。

随着互联网、计算机和多媒体技术的发展，BBS论坛逐渐走入人们的生活。1991年国内出现了第一个BBS论坛，而自1996年后，国内BBS论坛才开始迅速发展起来。

如今很多大型论坛都被称为“网络社区”，因为它已不仅仅起到一个公布信息的作用。除了共享各种信息和知识，发布、共享各种网络资源，通过论坛还可以评论世事、交流思想、表达感情以及发表各种文学艺术创作。论坛更是一个幽默诙谐、奇思妙想的天地。

还在等什么？和我们一起畅游论坛的世界吧！

第三章

畅游论坛

本章学习目标

◇ 注册论坛

注册论坛账号，使用论坛。

◇ 论坛主页

认识论坛，熟悉论坛功能。

◇ 论坛结构

掌握论坛结构，使用论坛更轻松。

◇ 发表帖子

发表自己的论坛帖子，开始论坛人生。

◇ 个人主页

自己的论坛自己做主，掌握论坛动态。

◇ 写随记，发博客

在天涯论坛里不仅可以随想随写，还可以发博客。

◇ 消息与好友系统

掌握消息及好友动态。

◇ 论坛下载

将有用的资料“据为己有”。

◇ 创建论坛

我的论坛，我做主。

注册论坛

虽然大部分论坛都允许你以“游客”身份访问，但免费注册成为会员能够享受到最多的权利。会员是你的身份表示，是你在论坛展示自己的直接途径。论坛共享信息资源的宗旨是“人人为我，我为人人”。同时，注册会员有利于记录你对论坛的贡献，从而使你获得更多权限作为奖励。本节就以“天涯虚拟社区”为例介绍论坛的注册。

1．在地址栏输入地址 www.tianya.cn 并按【Enter】键，即进入如图 3-1 所示的天涯虚拟社区（以下简称天涯社区）首页。

图 3-1　天涯社区首页

2．点击【立即注册】，进入注册界面，如图 3-2 所示。

3．填写用户名、密码和手机号码等基本信息。

4．点击【获取语音验证码】按钮。

5．这时来电显示为 12599895007 的号码会拨通你的手机，以语音的方式告知

验证码。接听后立即输入该验证码。

图 3-2　注册界面

6. 阅读《天涯社区用户注册协议》后点选“我已阅读并同意”的复选框。

7. 点击【立即注册】。

8. 这时会出现简单介绍自己职业的界面，如图 3-3 所示。填写后点击【提交】即可完成注册。

图 3-3　简单介绍自己的职业

账号注册完成后，就要完善自己的资料了。第一步是填写资料，如图 3-4 所示。按照要求填写好自己的资料，点击【保存并继续】。

1、填写资料　2、找感兴趣的人　3、完成

根据您的资料，我们会帮您找到志趣相投的朋友

性　别* ⊙男　○女

现居住地* 中国　北京　东

我的生日* 1989　1　11

自我介绍　畅游论坛!

保存并继续

自我介绍有助于其他人更快地认识你

图 3-4　填写资料

第二步是找感兴趣的人。该页面上会推荐一些人给你，如图 3-5 所示。如果你对他们感兴趣，就在头像右下角的方框内点击鼠标左键，若有对号显示，表示已选中这些人；若对这些人不感兴趣，点击左侧的分类，选择感兴趣的人。

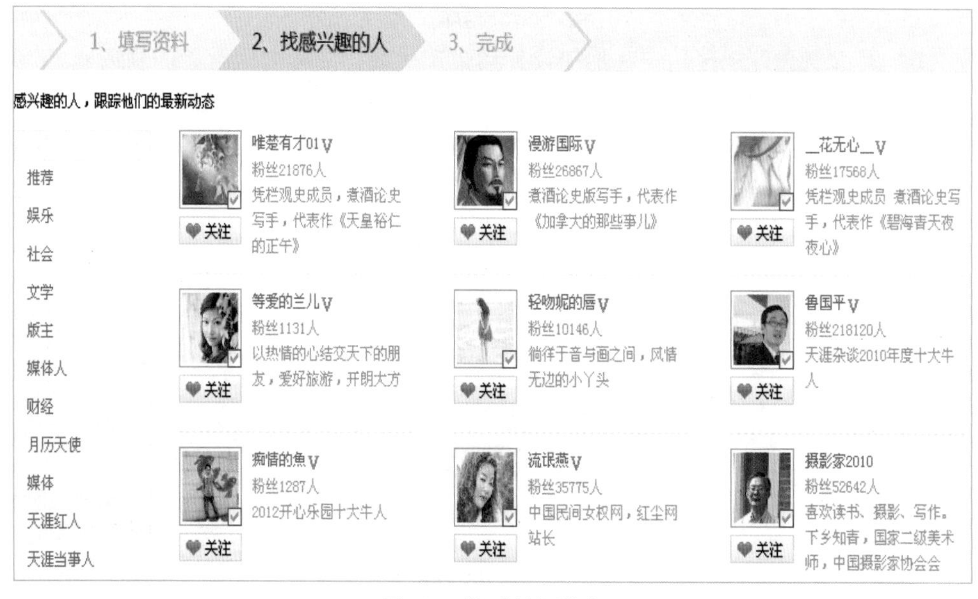

图 3-5　找感兴趣的人

提示　关注这些人，你就可以及时地看到他们发布的内容。这和微博一样，若想内容更丰富，可以选择不同的分类下的人。

点击【关注感兴趣的人】或者【完成】，跳转到“我的首页”。

天涯社区同样是通行证式的管理，注册以后不仅可以登录论坛，也可以激活相应的相册、博客和微博等。

同样，你有其他网站的通行证也可以作为会员进入它们的BBS论坛。如果已经有了网易的通行证，那么怎样进入它的BBS论坛呢？

1. 在地址栏输入www.163.com并按【Enter】键，进入网易首页。

2. 点击网易首页最上方的【登录】，在弹出的对话框中输入用户名和密码。如图3-6所示。然后点击【登录】。

3. 这时网易首页会显示登录状态，点击首页导航栏的【论坛】即可进入网易论坛。

像天涯、网易、新浪这样的论坛属于商业论坛。如今每天都有各种各样的论坛诞生或消亡，它们则大多是民间建立的业余论坛，一般专于一个领域，比如影视、体育、外语学习等。虽然名为“业余”，其实只是没有商业化运作，有些论坛的内容也是相当专业的。

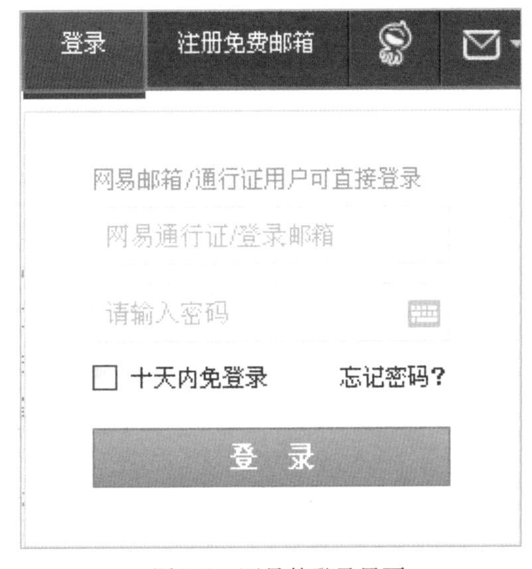

图3-6 网易的登录界面

论坛主页

论坛主页和博客网站首页一样，也是新闻网站的形式。不同的是，博客网站首页是博文的链接，而论坛主页是论坛帖子的链接。论坛里的文章称为“帖子”，一般是文字和图片的形式，也有一些为了介绍影音资料插入了视频、音乐等多媒体元素。论坛首页按不同话题组织内容，很大程度上方便了用户的浏览。

提示 论坛以话题组织内容，对某一话题感兴趣可持续关注。而博客以人分类，一般会因人而持续关注。

天涯社区把登录页面作为“首页”，在首页上方是登录区域，如图 3-7 所示。可以使用上一节中注册的账号登录。

图 3-7　登录区域

若不想登录，点击【浏览进入】即可进入如图 3-8 所示的论坛主页。该页是一些热门帖子的集中展示，浏览该页就可以看到目前最火最热门的话题。

图 3-8　天涯社区首页

页面最上方是导航栏，点击相应的链接可以进入子系统。导航栏下方是广告，再下方就是正文部分。

提示　能够显示在首页的帖子，都是当前关注度比较高的帖子。所以论坛中的内容一般都是热门话题，要能够吸引眼球才能被高度关注。

若浏览完主页，想进入分类论坛逛一逛，点击左上方的【论坛】，进入图 3-9 所示的页面。

可以看到主页左侧有一栏快捷导航栏，点击可以进入天涯社区的各种主要页面。下方有各个分版面的目录。

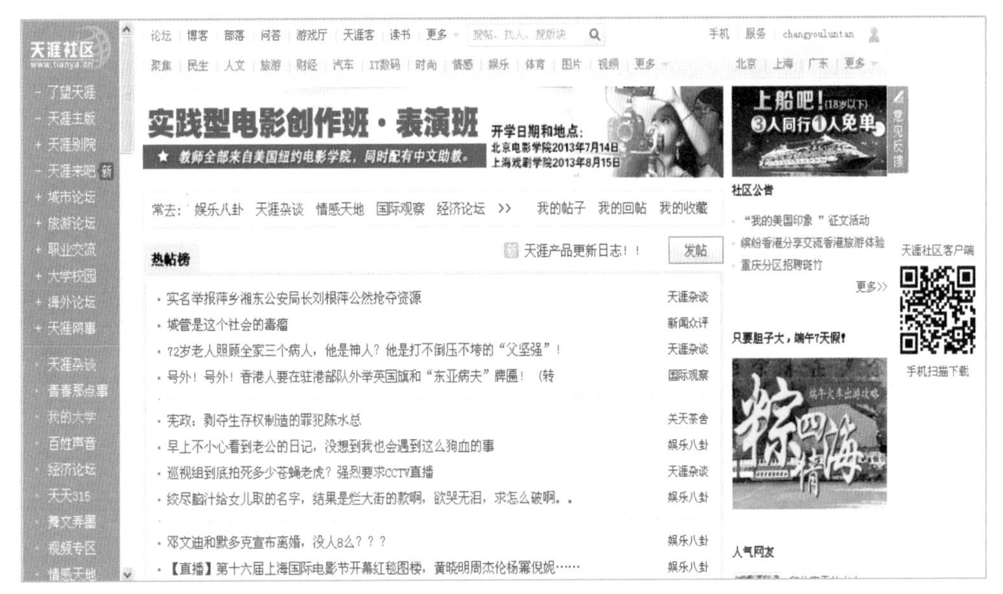

图 3-9 论坛首页

天涯社区除主版以外的版块统称为“副版”，副版也有自己的分版及其目录。点击【天涯别院】，可以看到下边的分类链接也相应改变。这里的分类还不是最细的版面分类。拖动页面向下可以看到各个分类下分版的名称；也可以点击这里的其中一个分类，比如【文学】，系统会自动跳转到有关文学所有分版名称的位置。

除了版面的链接，主页上还有各个类别的帖子链接。由于主页是不断更新的，上面显示的一般为相关话题下时效性较强的主题和帖子，以及新近发表的精品帖子，如图 3-10 所示。这些内容都由网站的专业管理员来管理。

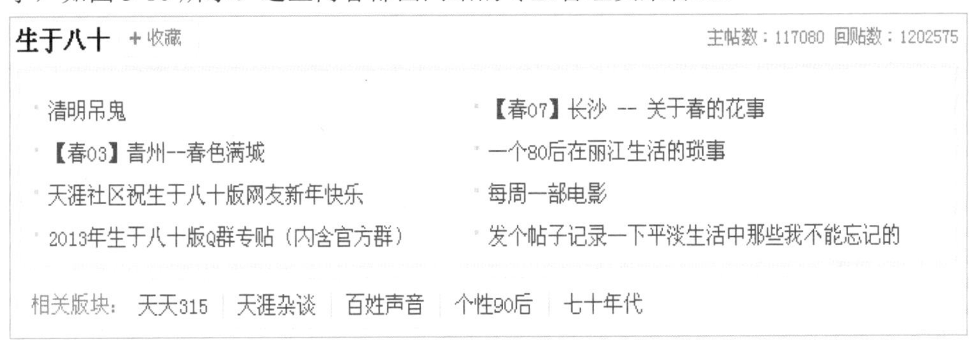

图 3-10 一个版块下的精华帖

拖动页面向下浏览，可以看到各种主题的帖子。如图 3-11 所示，每一主题名称下面是相关的论坛分版名称链接，下面是相关帖子的题目。点击主题名称可以进入这一主题的页面或所属“频道”的页面。

点击上方选项卡式的链接也可以进入被称为“频道”的主题页面。

默认 最新 精品 排行 人物 成员 服务　　版内搜索　刷新　发帖

标题	作者	点击	回复	回复时间
铁总公司“纳婿”支付宝	actou	0	0	12-04 18:07
帖子不能回复了是怎么回事？	tatanik	0	0	12-04 18:07
江湖第48期：请温暖那些默默奉献的代课老师——对话曾经的代课老师（上）	云中羽衣子	118149	554	12-04 18:07
勒个挤轻轨的马脑壳是搞啥子的？	肖兔兔	2769	368	12-04 18:07
梦鸽为何要给王某聘请律师？	我家黄尾屿	1951	57	12-04 18:07
天涯的亲们有木有人减肥用荷叶灰的．．．．进来讲讲减肥心酸之路吧！！！	我是谁的小黄花	29870	4772	12-04 18:07
海南又发司法腐败案的黑幕	开放平台D	55033	646	12-04 18:07
惊心动魄！！2岁男孩被洪水围困 众人相救全过程场面感人	不要脸的蚂蚁巡	8644	387	12-04 18:07
我要是兜被撕破了 我也会问候一句你大爷。大妈被撞事件有感	三根捻的爆竹	57	3	12-04 18:07
《没有了祖国你将什么都不是》引发网民共鸣(转载)	连感	9820	307	12-04 18:07
新闻乱播	喂人民服雾1	820069	23115	12-04 18:07
想在双十二买手机，这款怎么样	五月花经典	12	1	12-04 18:07
【老乔说事】还有多少违规干部“未被查处”	乔志峰	1508	21	12-04 18:07
就四川老太“讹人”是假，小孩撞人是真！送水工爆料	神经病人小明	10940	348	12-04 18:06
我家土地被别人给私法买卖了，我家都不知情	妈妈的生活	190584	259	12-04 18:06

图 3-11　帖子列表

商业论坛有自己的主页，但一些业余论坛由于没有那么多专业人员来创建并维护一个单独的主页，所以它们的首页即主页，直接显示了论坛的结构。

图 3-12 为某音乐论坛的首页截图，它是一个典型的业余论坛首页。这种首页简洁明了，方便浏览各个主题，适合信息量、访问量相对较小的论坛。

图 3-12　小型论坛的页面

最上方为论坛标题图片与标题栏。一般上方都会有状态信息和注册、登录的链

接等。靠下一栏是论坛公告、新闻和一些用户协议、使用方法等主题的链接。再向下就是论坛的分版目录，一般以一些分类名称和不同颜色的分隔栏隔开，以方便查找。最下方一般是论坛的友情链接、在线名单等。由于业余论坛访问量较小，一般会有详细的在线人数统计，包括在线的总版主、分版版主、会员、游客等，有时还会以不同的小图片来显示。下一节我们将详细介绍论坛的结构。

提示

版主一般都是自愿担当的。论坛上的人鱼龙混杂，帖子质量也参差不齐，甚至会出现影响较坏的帖子，这就需要版主来对帖子内容进行审查和管理。

论坛结构

如今我们处于“信息爆炸”的时代，而论坛就是一种筛选信息的方式，因为在论坛中，有价值的信息会有较高的点击率和回复率，从而长期受到关注。当然，世事无绝对，也不是所有点击率高的帖子都是精品，也许只是“挂羊头卖狗肉”的小诡计，或者发帖人自己的“炒作”。本节以论坛的结构为主，兼有关于论坛内容的介绍。

提示

论坛的帖子层出不穷，有别有用心的人为了获得较高的关注度，会发布一些标题吸引人而内容平平的帖子，甚至是无中生有的帖子，在阅读时要注意分辨。

仍以天涯社区为例。在天涯社区主页点击【天涯主版】|【舞文弄墨】，出现图 3-13 所示的页面。这就是论坛的一个版面。页面上方有版主列表等信息，他们管理着整个板块，对帖子有生杀大权。一般版主都会发布一些版规，违反版规的都会被删帖、禁言甚至封号等。右上角统计着本版的主帖数和回帖数，主帖就是作者发表的帖子，由于大部分论坛对帖子有字数限制，较长的文章会由作者在自己开的论题中以多篇帖子的形式“连载”。

图 3-13 “舞文弄墨”页面

图 3-14 是版面的主要部分：论题列表。

图 3-14 论题列表

论题列表显示了论题（一般也是主帖）的题目、作者、访问数、回复数和最新回复时间。一般的论坛都是以最新发帖时间来排列帖子的，也就是说新发表的帖子会使它所在的主题“上升”到列表最前（置顶帖之后）。于是支持某个论题的主帖称为“顶”，因为一旦有人回复，帖子就会自动被“顶”到列表前面。这样保证了

新帖和受关注的帖子长期占据较易被阅读的“有利地形”。

为了突出一些精品、热点文章，版主会给一些文章“加精”或“置顶”。天涯社区中有专门的精品区，如图 3-15 所示，而一般的论坛直接把置顶帖放在论题列表上方。

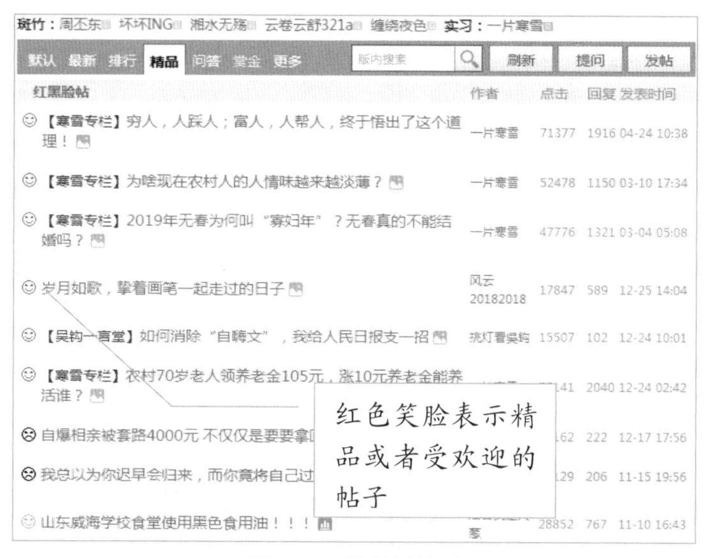

图 3-15　精品区帖子

如果想阅读最新发表的论题，可以点击【最新】，列表就会按发表论题的时间排列，并且“更新日期”一栏也会变成“发表时间”，如图 3-16 所示。

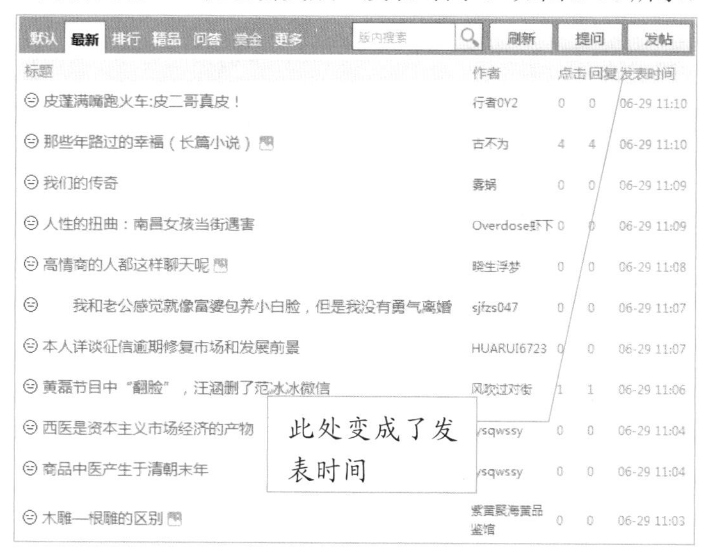

图 3-16　最新发表页面

在版面的论题列表会显示本版面的所有论题，一页显示不下的将分页显示。点击列表下方的【下一页】即可看到后面的页面。有些论坛有页码的链接，更加方便跳转，如图 3-17 所示。点击【刷新】可更新当前的帖子列表。

长篇都市爱情小说《中国式恋爱》，第一章，捉奸（下）　文心雕龙
清晨7点半——溜号（记忆的片段构成了人生的回忆）　吻嘴儿鱼
情景喜剧短片脚本《三个面试官和三个求职者》　华府小书童2012　13:02
凌晨4点——离别（记忆的片段构成了人生的回忆）　吻嘴儿鱼　06-15 12:44
刷新　下一页

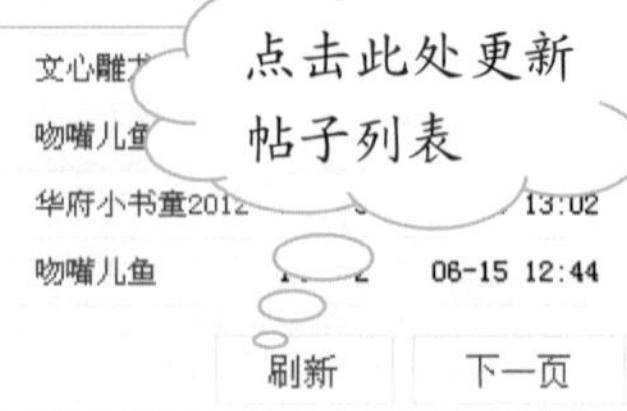

图 3-17　页尾处的下一页

提示

用户量较大的论坛中，帖子更新的速度很快，当你浏览完一页的时候，或许已经更新了很多帖子，所以时常点击【刷新】可以及时看到最新帖子。

在论坛中发表一些无意义的文字或在一篇帖子里只发几个字称为“灌水”，就像在酒里掺水以次充好，相应的帖子称为“水帖”。有些人便在自己的论题回复“水帖”来“顶”自己的帖子或赚发帖数。但有时灌水其实只是无目的的闲聊，或某种心情的发泄，所以有些论坛专门开辟了“灌水区”，以满足这些需要，同时保持正常版面的运行。不过，归根结底灌水是发布一些无意义的信息，不值得提倡。

随着论坛的普及和发展，渐渐出现了一些约定俗成的称呼，或者叫网络用语，如图 3-18 所示。比如版主即一个版面的管理员，根据谐音被戏称为“斑竹”或“版猪”；也许是由于论坛帖子都竖着向下排列，论题的发布者也就是主帖作者一般被称为“楼主”，有时根据谐音戏称为“楼猪”，后面的帖子称为“二楼”“三楼”等，以编号为准；第一个跟帖的称为坐“沙发”，第二个跟帖的是坐“板凳”，第三个是坐“地板”；匿名跟帖、看帖不回复或者长时间不在论坛发帖的都可称为“潜水”；表扬帖子有“鲜花”，批评有“拍板砖”等。这些网络用语大多从论坛流行起来，已发展到博客留言、评论等很多地方。

作者：中国时尚工人　时间：2012-06　举报　回复
欣赏楼主佳作，不得不顶！坐下沙发。
楼主、顶、沙发等
都是网络用语

图 3-18　论坛中的网络用语

看到这里你已经手痒了吧，别着急，下一节我们就介绍如何发帖。

发表帖子

顾名思义，论坛给人们提供一个讨“论”问题的地方。相对于博客，论坛在形式上使主题发布者和跟帖回帖的用户地位更加平等，是一个比较自由的讨论交流空间。当然发布一些不良、恶意的或不合适在这里发布的信息是要被管理员删帖甚至封号的。本节介绍一下如何发布自己的主题或参与别人的主题的讨论。

提示　帖子数量是衡量一个论坛活跃度的重要指标。论坛都鼓励用户多发帖子。但是由于不良信息会令人反感，所以论坛对帖子质量的控制也很严格。

在帖子列表上方一般都会有【发表】链接。图 3-19 是天涯社区的“舞文弄墨”版，点击【发帖】，弹出如图 3-20 所示的帖子发表页面。

图 3-19　分版首页

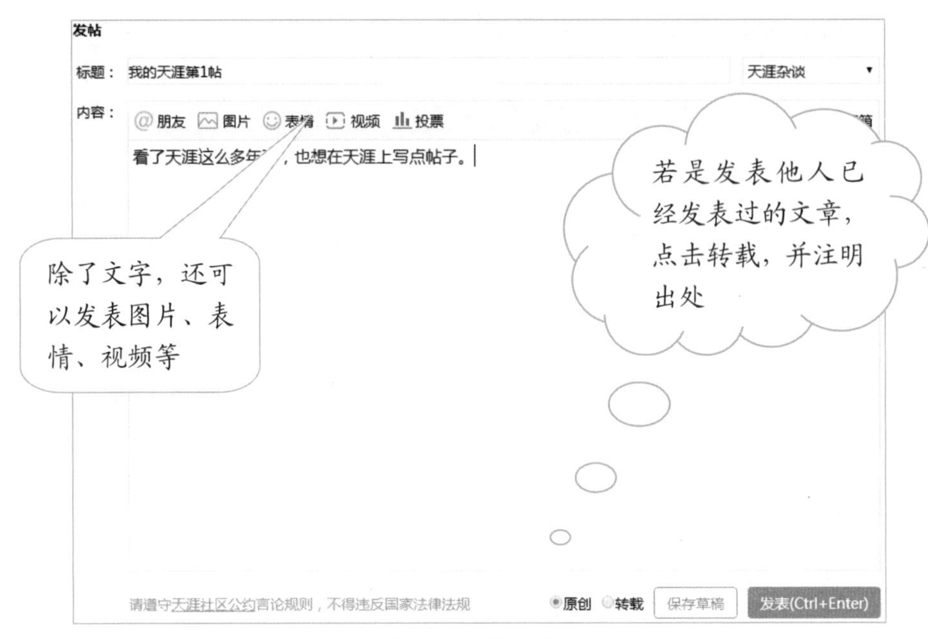

图 3-20　发帖页面

登录用户就不用再输入用户名和密码了。在标题栏中输入标题，在下面的文本框中输入帖子内容，然后选择“原创”或“转载”的单选钮，点击【发表】即可发表新主题。

下面我们看看如何在帖子中插入图片。点击【图片】，弹出图 3-21 所示的对话框。图片的插入方式分为三种，分别为“本地上传”“从相册选取”和“网络图片”。

图 3-21　帖子中的三种插入图片方式

本地上传就是上传自己电脑中的图片，点击【单张上传】只能上传一张图片；点击【多张上传】可以上传多张图片。若选择了“添加天涯水印”，将会在图片上加入水印，以防他人盗用。

提示　水印是指在图片上做出标记。水印不但能够表明图片的作者或者出处，也能防止其他网站随意对图片进行使用，对保护知识产权有一定作用。

若在你的相册中已经有了图片，可以选择【从相册选取】，这样就省去了本地上传的时间。

如果是在网上找到的图片，点击【网络图片】，可以直接在方框中输入图片地址，注意一定要是图片文件格式结尾的地址，如“http://****.com/*****.jpg”才有效。点击【确定】完成添加。

不同的论坛或版面有不同的发帖规则。有些论坛或版面发帖限制字数甚至需要管理员审核才能发表。

一些论坛的发表功能更加强大一些，如“西陆社区”（http://www.xilu.com/）的帖子发表框，如图 3-22 所示。可以加入表情符号；进行简单的文章排版；插入超链接、图片、Flash 动画、表格等。还可以直接从 Office Word 中粘贴过来，极大地丰富了帖子的表现力。

图 3-22　功能较复杂的发表框

成功发表的帖子就是一个新“论题”了。你的帖子题目会出现在论题列表置顶帖下的第一个位置，直到出现其他新帖。与此同时，自己可以继续“跟帖”连载自己的论题内容或做一些说明等，别人也可以对你的帖子进行“跟帖”的评论了。注意，博主可以删除自己文章后的留言，但在论坛中只有版主即管理员才可以删帖，论题发布者无权删除跟帖。

回复帖子也很简单，在每个论题中的帖子列表最下方都有跟帖回复框，如图3-23所示，在框中输入跟帖内容点击【回复】即可。

图3-23　回复页面

其中“@时光的发梢”是论坛内的用户名，表示该评论是针对哪个人的。

跟帖一般没有帖子标题。允许跟帖有标题的论坛一般会默认跟帖标题为“回复：（论题的标题）”，有的论坛还允许自己更改标题。

最后，简单介绍一下论坛的个性签名。一些论坛有个性签名的功能，图3-24中分割线下的部分都是签名内容。个性签名一般在个人主页中设置，可以包含文字、图片、Flash动画等。有时一个用户也可以拥有多个签名供发帖时选择。

图3-24　个性签名

个人主页

论坛的个人主页汇集了论坛用户的所有信息。大型论坛社区的个人主页内容就更加丰富，因为大型论坛社区一般会整合多种功能如网络相册、博客等，消息系统和好友系统也互相通用，可以说是你在网络社区的身份档案和活动记录。通过查看别人的个人主页也可以选择结识更多的朋友并互相增进了解。

在天涯社区首页登录后就直接进入个人主页了，如图 3-25 所示。

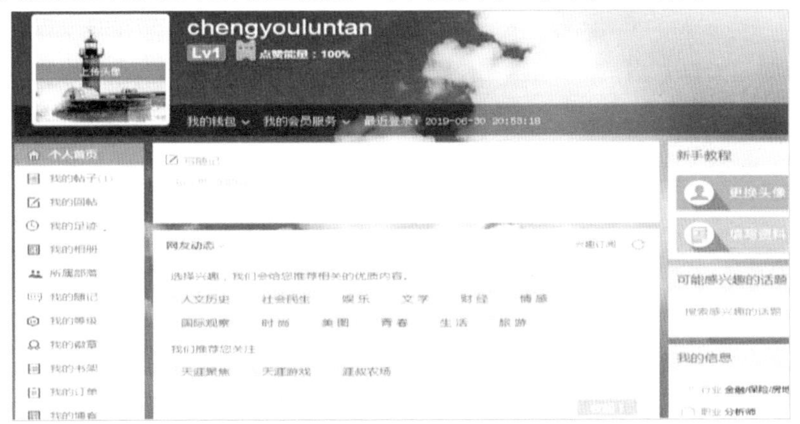

图 3-25　天涯社区的个人主页

可以看到，个人主页的最上方相当于一个宣传的区域，包括了自己的头像、名字、个人的基本信息等。

左边是天涯社区各个功能的选项卡式链接，可以方便跳转至博客、部落（类似于博客中的圈子）、相册等。点击左侧的【我的帖子】，进入“我的论坛”，页面如图 3-26 所示。其中包含了【我的版块】【我的帖子】【我的回帖】【帖子收藏】【我的足迹】和【我的投稿】等几个分类。凡是你发表过的、看过的、收藏过和评论过的帖子都会显示在这里。

右边有【可能感兴趣的话题】【我的信息】【相同职业信息的人】等，还向你推荐了一些可能感兴趣的人。

提示 现在很多网站都有好友或者商品推荐的功能。它是根据你以往的习惯或者关注的商品、人等做出的推荐。

图 3-26 “我的论坛”页面

中间是自己及好友的动态，可以看到好友发表的内容。

作为一种新兴的网络交流方式，微博、博客成为了现在人们在社交网站上使用最多的工具。天涯社区的个人主页也有这样的交流形式，下一节我们来主要介绍它们是如何使用的。

写随记，发博客

上一节提到，作为一种新兴的网络交流方式，博客、微博成为了现在人们在社交网站上使用最多的工具，是各大网站主推的产品，如新浪、网易、腾讯和人民网等都有自己的博客或微博平台。天涯论坛的个人主页也包括这样的功能，它们就是随记和博客。

提示

微博是目前最流行的网络应用。它只允许用户每次发布不超过 140 字的内容，所以也称为微博客。因其时效性强的特点，已经成为了舆论的前沿阵地。

一、写随记

随记的前身是天涯中的微博，可以认为是一种简单的日志，只能包含文字和图片，不受微博 140 字的字数限制。它方便使用者随想随写，发表也不像发帖子那样需要指定一个版块。

我们注意到，个人主页中间靠上的位置有个空白的方框，点击框内空白处即可展开随记编辑框，这里就是我们写随记的地方，如图 3-27 所示。下面我们就来看

看随记是如何写的。

图 3-27 随记编写界面

1. 在“点击设置标题”提示框为你的随记起个名字，在下面的方框内输入想要发表的内容，如图 3-28 所示。

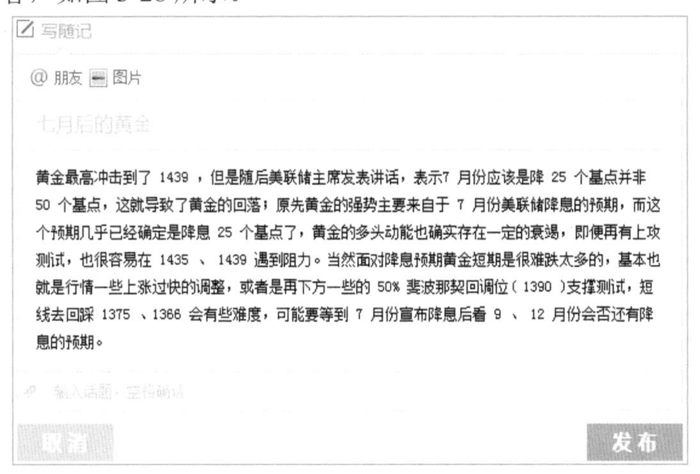

图 3-28 输入标题和内容

2. 因我们的随记要用到图片，故需要点击标题上方的 图片选项以进入添加图片界面，如图 3-29 所示。

3. 添加图片有两种选择，一种是选择存放在电脑任意文件夹中的图片，一种

图 3-29　添加图片界面

是选择存放在相册中的图片。这里我们用的是前一种添加图片的方式。点击图中央的相机标志，找到存放所需图片的文件夹，点击选中该图片，如图 3-30 所示。

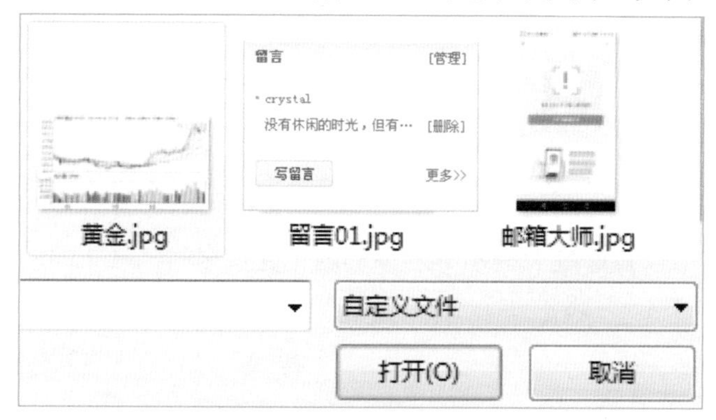

图 3-30　选择要添加的图片

4．点击【打开(O)】按钮，即可将图片添加到随记中。

5．在“输入话题，空格确认”提示栏中为随记输入一个话题，如图 3-31 所示。所谓话题，就是为你所发布的内容加个主题，这对于关注该话题的人来说，可以方便地获取相似的内容。

图 3-31　为随记确定一个话题

6. 如果你发布的随记想被某个人看到，“朋友”功能就派上用场了。点击 @ 朋友选项，打开你的朋友列表，如图 3-32 所示。加上朋友的名字，这样你发布随记后，被你提到的人那里会有提醒，他就能够看到你的随记了。

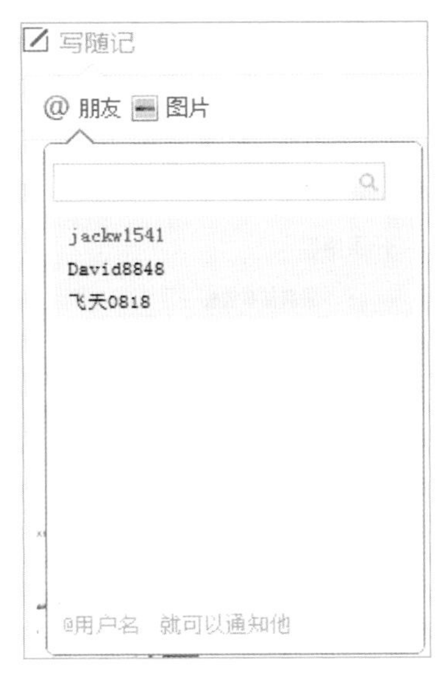

图 3-32　在列表中选择希望提示的朋友

7. 点击【发布】按钮发布该随记，效果如图 3-33 所示。

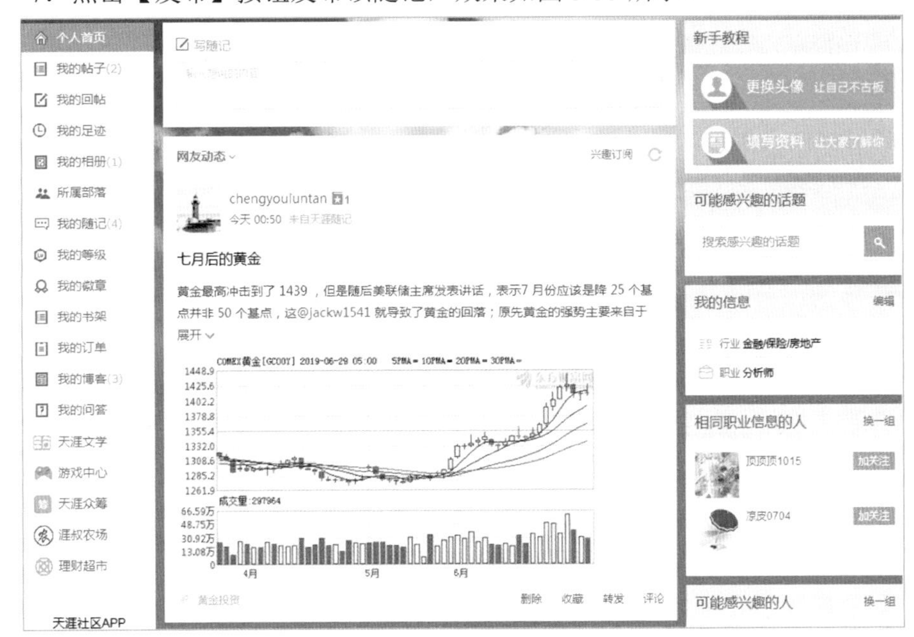

图 3-33　发布的随记

二、发表博客

在天涯上发表博客不必像使用新浪博客那样，首先要去注册一个博客账号。而在天涯中，只要你有了天涯账号就可以随时开通自己的博客。

在登录天涯进入你的个人首页后，点击【我的博客】选项将进入开通天涯博客的页面，如图 3-34 所示。在这个页面中，给你的博客起个名字、输入博客地址并简单写上自己开通博客的旨意。然后输入验证码并点击【开通博客】按钮即可开通你的博客，进入图 3-35 所示的博客界面。

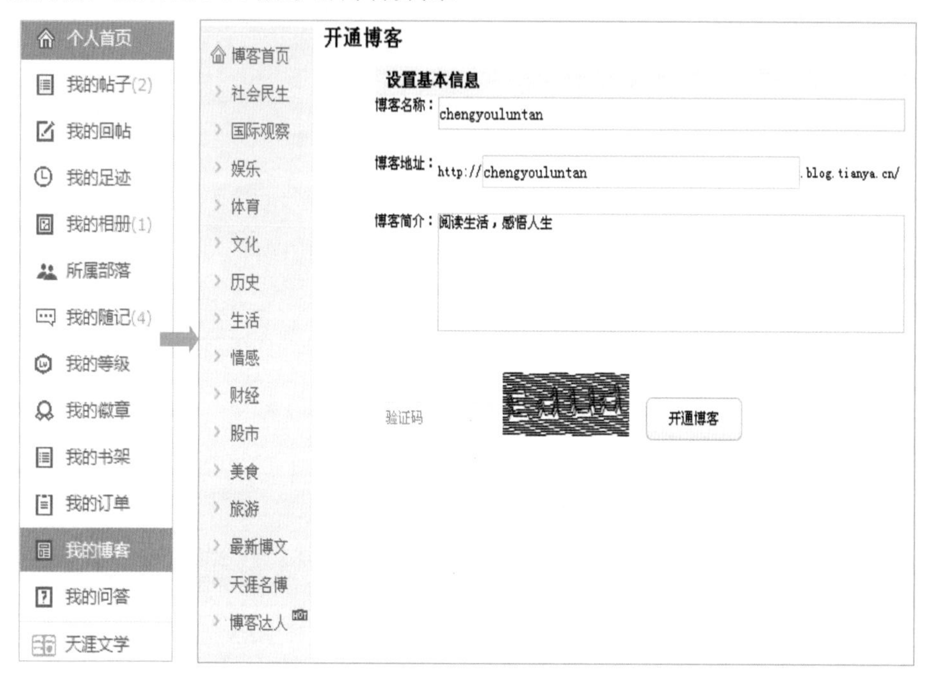

图 3-34　开通博客

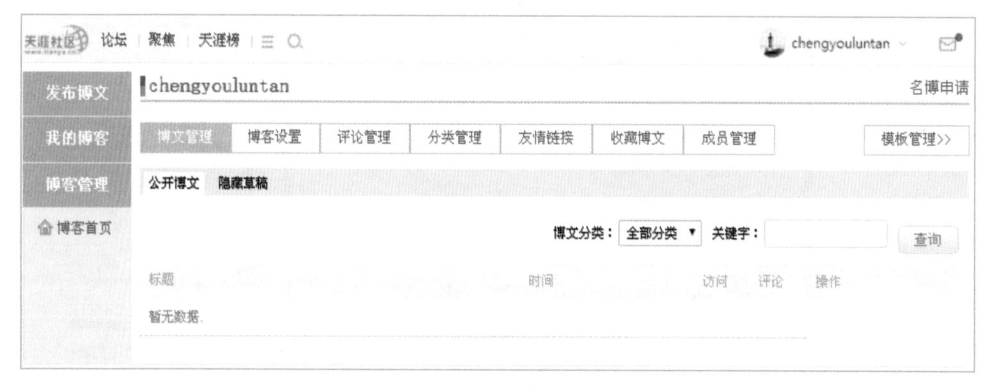

图 3-35　开通后的博客界面

好，现在博客已经开通了，就让我们来试着写篇博客吧。

1. 点击图 3-35 中【发布博文】选项，进入图 3-36 所示的博文编写界面。

2. 在标题栏输入博文的标题。

图 3-36　博客编写界面

3．在内容区输入博文的内容。

4．如果博文需要用到图片，可以点击工具栏上的插入图片图标，打开图片插入对话框，如图 3-37 所示。待插入的图片可以有三种来源：第一种是存放在电脑任意文件夹中的图片；第二种是存放在相册中的图片；第三种是通过地址链接输入网络上的图片。这里选择“本地上传”，它有两种传送方式，即单张上传和多张上传，前者每次只能传送一张图片，后者则可以一次传送多张图片。界面的下方对插入图片的格式、大小及一次上传的张数有明确的说明。

图 3-37　插入图片对话框

5．点击【单张上传】按钮，找到存放所需图片的文件夹，点击选中该图片，如

图 3-38 所示。

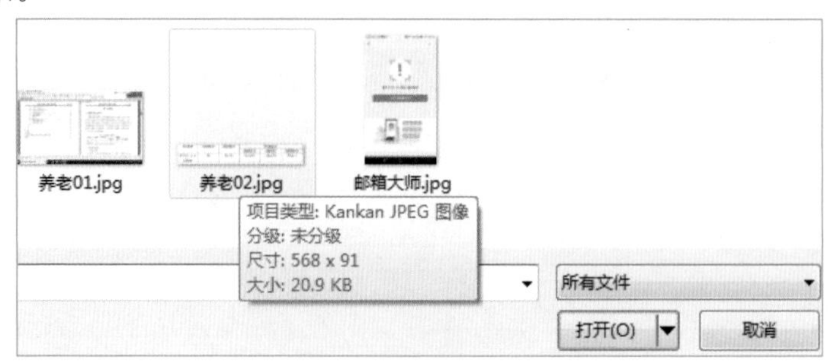

图 3-38 选择要添加的图片

6．点击【打开(O)】按钮，即可将图片插入到博文中。

7．很多时候，一个表情可以胜过千言万语。天涯博客同样也为我们提供了丰富的表情，如图 3-39 所示。想插入表情时，点击工具栏上的表情图标，在弹出来的对话框内点击你想插入的表情即可。

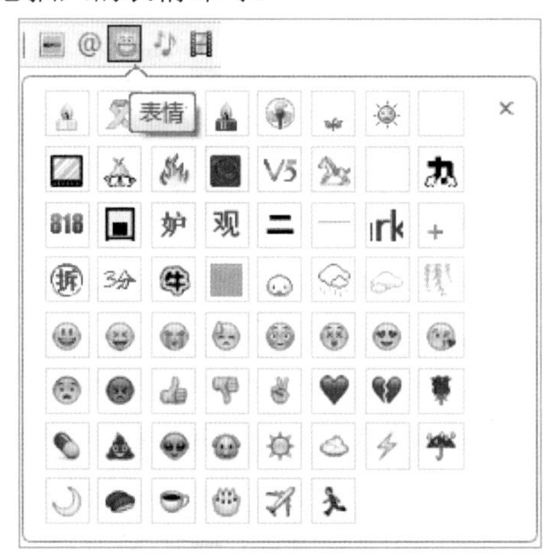

图 3-39 天涯博客的表情

8．如果需要还可以在博客中插入视频。对于视频，支持两种插入方式。一种是直接粘贴网络地址，如图 3-40 所示。目前已支持的视频网站有优酷、土豆、酷 6 网等。

图 3-40 插入视频

另一种是上传存储在自己电脑中的视频。点击【选取电脑中的视频进行上传】以打开本地视频上传对话框，如图 3-41 所示。点击【选择文件】按钮找到要上传的

视频文件，再按下 开始上传 按钮就可以将其插入到你的博客中了。

图 3-41　上传视频对话框

9．工具栏上@可以提醒朋友关注你的博文，其用法与写随记中介绍的相同，这里就不重复了。

10．当构成一篇博文基本内容都处理完毕后（图 3-42），还需要在博客编写界面底部的投稿栏点选一个分类，如这里点选的是“社会”；在标签栏输入几个关于本博文的主题词，它们之间用按下回车的方式分开；将给出的验证码输入到其左边的方框中，如图 3-43 所示。

图 3-42　博文内容输入完毕

图 3-43　选择分类及输入标签和验证码

11．单击【发布】按钮将其发布出去。最后的效果如图 3-44 所示。

图 3-44　发表成功的博客

消息与好友系统

和新浪博客一样，论坛也有自己的好友与消息系统。好友系统可以帮助你关注好友的最新发帖，方便与好友联系，有时个人资料的一些内容也可以设置为“仅好友可见”。消息系统一般分为留言和站内信两种方式，允许用户公开或私密地向其他用户发送信息，互相交流。站内信也称为短消息，论坛的通知和活动宣传等有时也通过站内信发送。

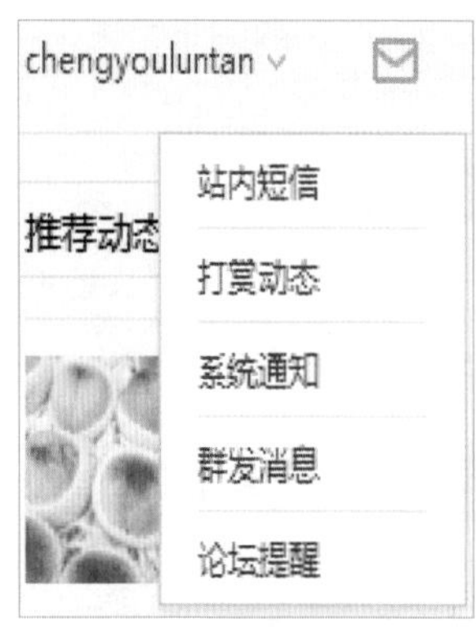

图 3-45　消息列表

在天涯社区主页导航栏右侧就有信封状的消息提示标志，点击即可展开，如图 3-45 所示。当有新消息时，该信封状的标志上方有红色的圆点予以提示。点击图标可以展开消息列表。

点击消息列表中的第一项【站内短信】，将进入图 3-46 所示的消息中心管理页面，在这个页面中，通过上方的分类标题可以查看收到的全部消息。当站内短消息太多，翻找起来太麻烦时，可以通过键盘的【←】【→】进行翻页，还可以通过搜索对方的用户名进行查找。在输

入框里输入完整的用户名并点击放大镜图标，系统会列出该用户给你发送的所有消息。

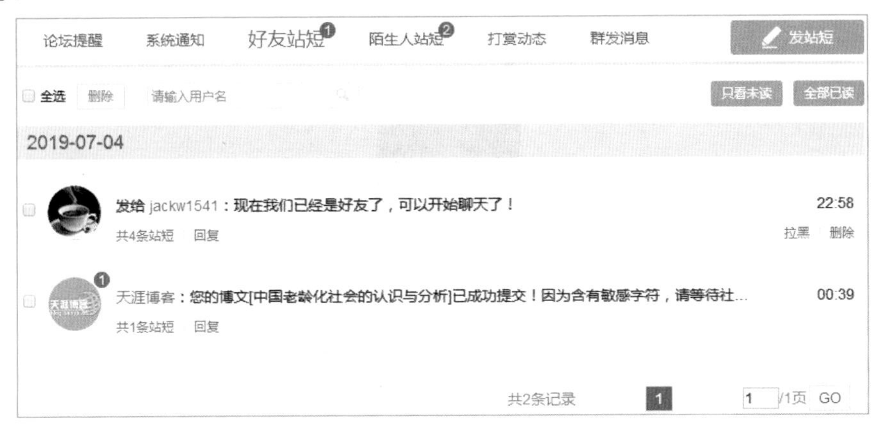

图 3-46　消息中心——【好友站短】页面

在这个【好友站短】页面中，显示出与每位好友交流的最新消息，点击其下方的提示则可以找到属于两个人的所有消息记录。点击【回复】链接将打开图 3-47 所示的回复编辑框，你可以在此输入文字、图片等。

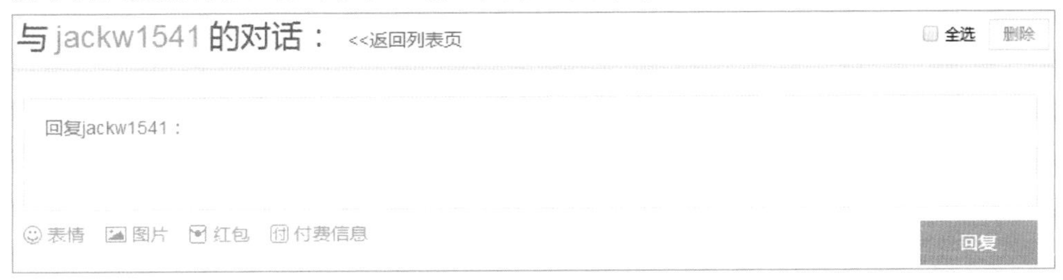

图 3-47　回复好友编辑框

【陌生人站短】显示页面与【好友站短】显示相似，只是在回复时下方会出现一条提示，如图 3-48 所示。你可以在此通过点击相应的链接对其添加关注或加为好友，当然也可以将其拉黑，不再看到对方的消息。

图 3-48　对陌生人站短的处理

在消息中心页面上的【论坛提醒】和【系统通知】所含内容主要是网站与用户互动的一些消息，如一些公告或通知等；【打赏动态】将及时反映你的帖子被打赏的情况；【群发消息】功能的使用需要一定的条件，只有在天涯社区有过创作行为，并且在社区的成就达到优质创作者才能获得群发消息的权限。成就的级别越高，每天可发布的群发消息次数越多。

给别人发送消息，只要点击对方的用户名进入图 3-49 所示的对方个人中心，在“给×××发短消息：”对话框中输入短消息内容，然后点击【发送】即可。实际上和新浪博客的站内信使用方法类似。

图 3-49　给别人发送短消息

同时，在对方个人中心点击【加好友】可以加对方为好友，不过需要发送内容经对方审核。

添加好友以后可以很方便地关注好友的最新动态。

将鼠标指向天涯社区首页导航栏右侧的自己名称，将会展开一个列表，它包含着你在天涯社区的一些重要信息，如图 3-50 所示。在列表中点击【关系中心】进入关系中心页面，如图 3-51 所示。在这里可以管理好友、关注的人、粉丝等。

图 3-50　个人名称下的列表内容

图 3-51 关系中心

点击【关注】将会弹出所关注人的页面，在这里可以进一步地将关注的人加为好友，也可以取消对某人的关注。

点击【好友】弹出的是好友管理页面，如图 3-52 所示。页面中列出了好友名单，在这里可以对好友进行分组，并可进行删除的操作。

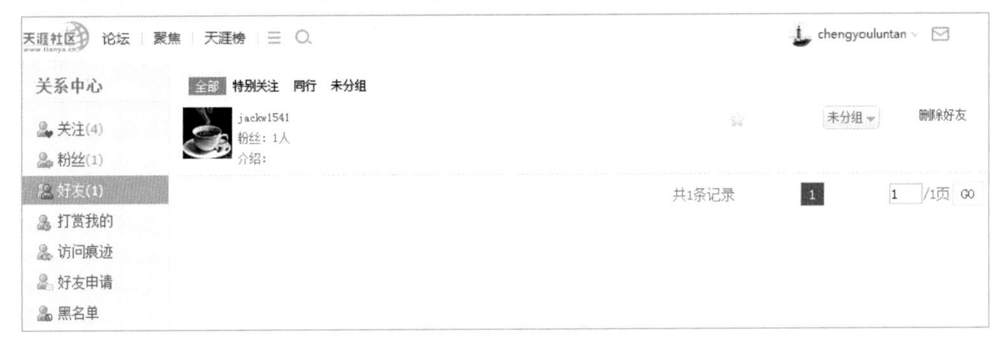

图 3-52 好友管理页面

在这个中心里还可以对一些人做好友申请及列入黑名单的处理。

提示 关注和粉丝表示的都是单向关系。你选择关注别人后，对方发布的信息都会推送给你，你是他的粉丝。而如果他关注了你，他就成为了你的粉丝。

论坛下载

尽管各种下载网站的发展已经比较成熟，论坛在下载方面还是有不可比拟的优势。下载网站要靠点击量及相应的广告收入来支持，所以其资源必须符合大众化和热门流行的特点。但一些经典的老资源和冷门资源就很难找到了，而一些专于某些领域的业余论坛通过自己的服务器或网络硬盘就能提供这些少见资源的下载服务。论坛下载是可以向所有用户求助资源的。

图 3-53 是某音乐论坛的资源帖，提供了一张古典音乐专辑的下载。通过各大搜索引擎可以找到很多类似的音乐论坛。

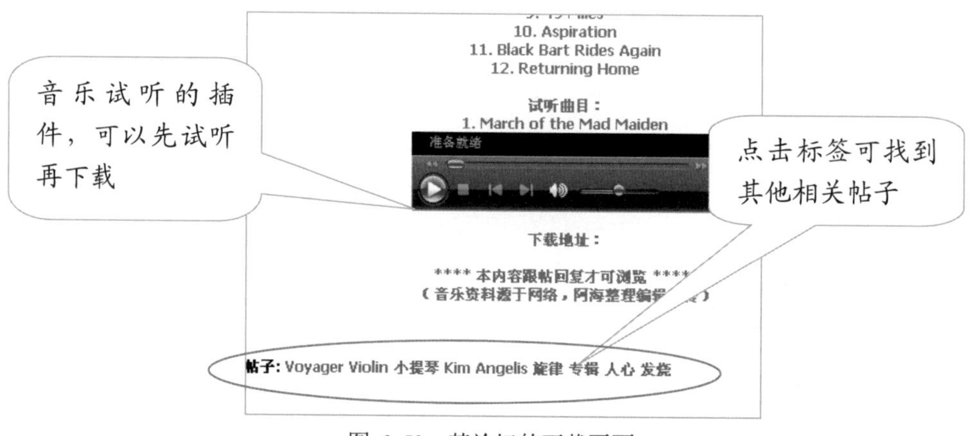

图 3-53　某论坛的下载页面

这个论坛要求跟帖回复才能下载，这样可以记录资源被下载的次数，发布资源者也可以从每一个回复中得到积分奖励。在首页注册并回复该帖后，页面变成图 3-54 的样子。

以下内容跟帖回复才能看到
==============================
与海共享曲目1
与海共享曲目2
与海共享曲目3
与海共享曲目4
与海共享曲目5
与海共享曲目6
与海共享曲目7
与海共享曲目8

图 3-54　回帖后的页面

在发布资源帖时，最好先撰写或转载一段资源介绍。可能的话，最好再插入相关的图片，如专辑封面，以及一段试听音频或介绍视频。音频和视频的添加很方便，在编辑栏中点击相应的文件格式，在弹出的地址栏中输入文件有效网络地址即可。

最后是上传资源，可以点击附件从本地硬盘添加压缩包等文件，具体支持格式见各论坛的说明。另一种方式是上传到网络硬盘再以超链接的方式把文件链接显示在帖子中。

现在点击相应曲目的链接，会弹出如图 3-55 的保存页面，点击【保存】并选择本地硬盘的保存位置就可以开始下载了。

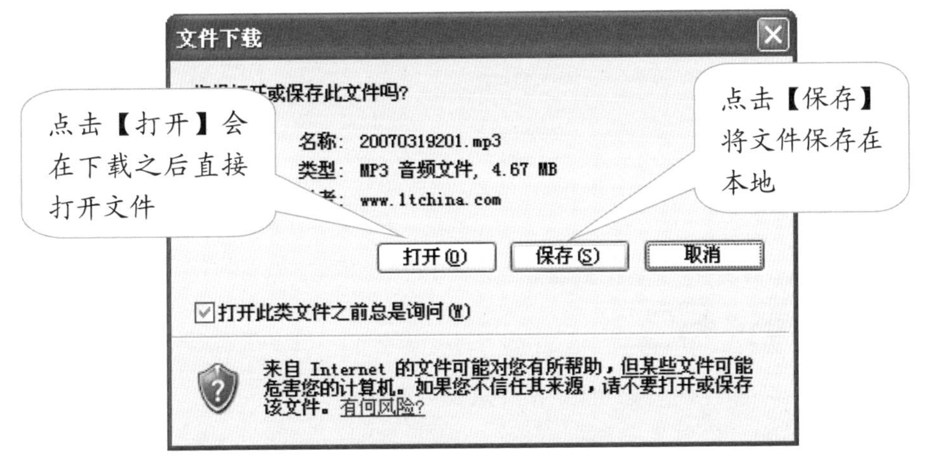

图 3-55　下载对话框

由于论坛的下载资源一般是用户自己上传的，很难保证其安全性，尤其是软件、游戏一类的资源，建议下载后用杀毒软件杀毒后再使用，以防万一。

如果你有一些好的资源，也可以拿出来与其他人分享。而且，有些论坛还要求用户上传一些资源换取积分才能下载。一些不以下载为主的论坛也有专门的资源区，可以在那里集中发布资源。

创建论坛

想不想创建自己的论坛呢？也许你发现自己感兴趣的东西还没有人建立过论坛来讨论交流；也许你觉得自己的论坛可以提供更好的交流平台，可以比别人做得更好；也许你只是想过一把总版主的"瘾"；也许你需要一个朋友圈的网上阵地……不管是什么原因，如果你打算创建一个论坛，希望本节的介绍能有些帮助。

"百度贴吧"是一种特殊形式的论坛，它允许用户自行建立任意以尚未被使用的词命名的"贴吧"，每个贴吧就相当于大型论坛中的一个分版。图 3-56 是"百度吧"

的截图，在贴吧中搜索“百度”即可找到。由于百度用户众多，几乎每个热门名词都有相应的贴吧，以及成千上万的相关帖子讨论各种问题。

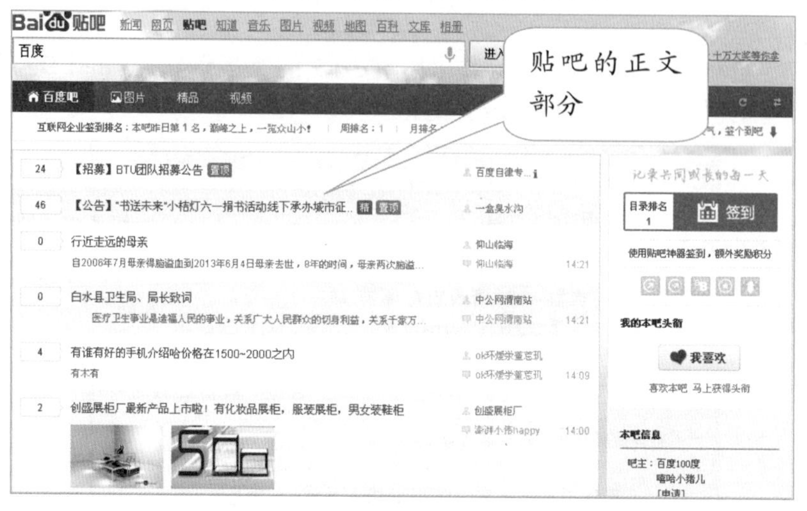

图 3-56 百度贴吧页面

创建百度贴吧，你首先需要拥有自己的百度账号，如图 3-57 所示。点击【注册】进入图 3-58 所示的注册界面。

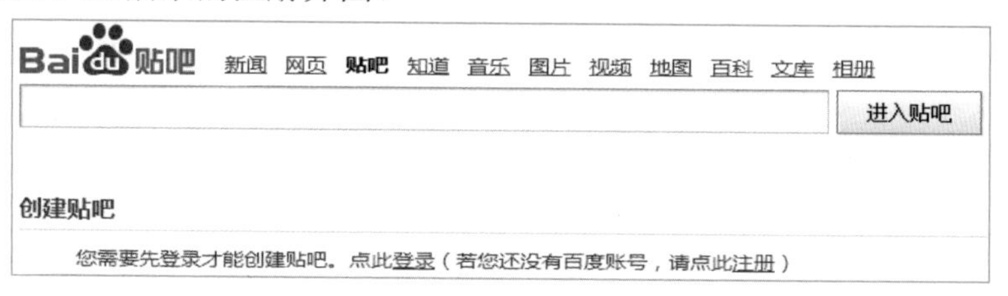

图 3-57 百度登录与注册提示页面

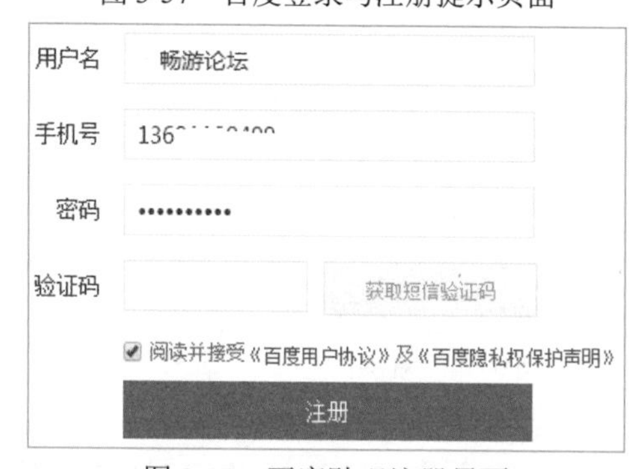

图 3-58 百度贴吧注册界面

与一般的网站注册方式相同，按照提示输入相关内容再点击【注册】按钮即可完成百度账号的注册。

这时你就可以创建自己的贴吧了。输入贴吧名称，如果你输入的名称还没有贴吧，会有如图 3-59 的提示。

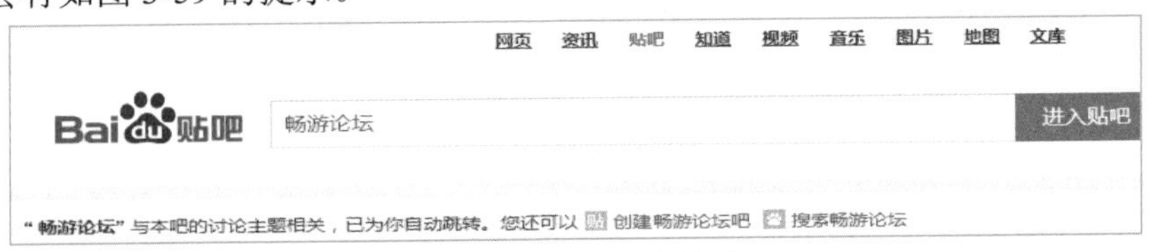

图 3-59　搜索不存在的贴吧

点击【创建畅游论坛吧】，会看到“您创建的畅游论坛吧已提交审核，如审核通过将在 2 个工作日内开通~”的提示，如图 3-60 所示。耐心等待直到你的贴吧开通。在此期间可以阅读一下“贴吧协议”“吧主协议”等有关协议和规定，为今后更好地使用贴吧做好准备。

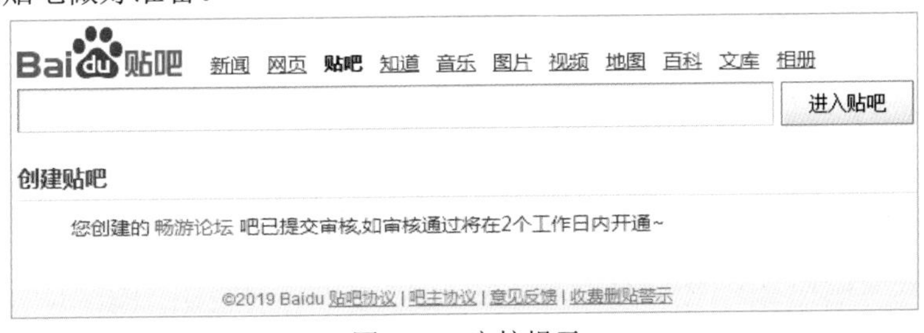

图 3-60　审核提示

图 3-61 所示是贴吧开通后发表新帖的编辑框。现在，你就可以在自己创建的贴吧中发帖了。在这个新帖编辑框中输入标题和内容，点击【发表】即可发出你的帖子。

图 3-61　帖子编辑框

提示 成为吧主后，责任重大。你要负责日常的管理和审帖工作。不过你也可以辞掉吧主的职务，由别人担当。

前几节提到过的西陆社区提供了更完善的论坛建立服务。其建立论坛步骤为：

1．在地址栏输入“www.xilu.com”并按【Enter】键进入西陆社区主页。然后需注册一个用户名才能创建论坛。

2．注册完成后，点击主页右上角的【免费申请】，即可开始申请创建新论坛。

3．在弹出的如图 3-62 所示的窗口中输入论坛代号，即域名、中文名称、属主亦即申请人的用户名、密码，选择论坛分类并输入一些文字作为论坛简介，点击【提交申请】即可。

如果申请成功，你的论坛就建立好了，而你则是这一版的版主。

图 3-62　西陆论坛申请

图 3-63 就是新建立的论坛的页面。西陆社区的一些活动通知和公告会以置顶帖的方式出现在论坛中。建立论坛以后，如在一定时间内没有新帖子的论坛会被系统删除，以免浪费资源。所以，论坛一经建立，先往上发一些帖子吧。作为版主，你可以先致一些欢迎词，然后规定一些版规说明，如加精、置顶和删帖的规则与标准。

有了帖子后就有了管理的对象。点击【论坛管理】，进入论坛管理页面，图 3-64 是论坛管理页面的“修改配置”页，除了论坛代号即域名，其他属性都可以修改。

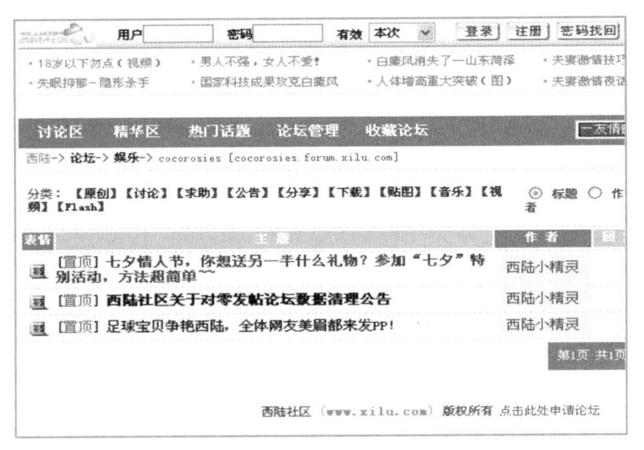

图 3-63　新创建的论坛

提示　一个论坛的兴衰，与版主的管理有直接关系。版主不但要让不良信息无用武之地，也要使优秀的帖子让更多人看到。“秉公执法”是最重要的。

增添版主
页面风格
修改配置
帖子分类
发贴模式
批量删贴
增添黑名单
垃圾回收站
修改封面
友情链接
站务帮助

论坛代号：cocorosies
论坛标题：cocorosies
坛主代号：ruhebbs
回帖置顶：置顶 不置顶
排行设置：加入排行榜 不加入排行榜
热门话题：20 帖子点击数达到该值
讨论类别：娱乐 请正确选择您的论
论坛子类别：音乐
论坛简介：cocorosie

图 3-64　论坛管理页面

作为版主，“你的地盘听你的”。你可以设定其他管理员协助管理，对帖子进行各种操作以维护论坛的内容；装饰你的版面给访客们提供一个良好的交流环境；添加一些友情链接并组织一些活动以扩大论坛影响，等等。论坛建设其实和博客圈子的建设有相似之处，只有不断地努力付出才有回报。

目前，国内已经有很多网站提供免费申请创建论坛的服务，创建论坛和创建博客几乎一样容易了。

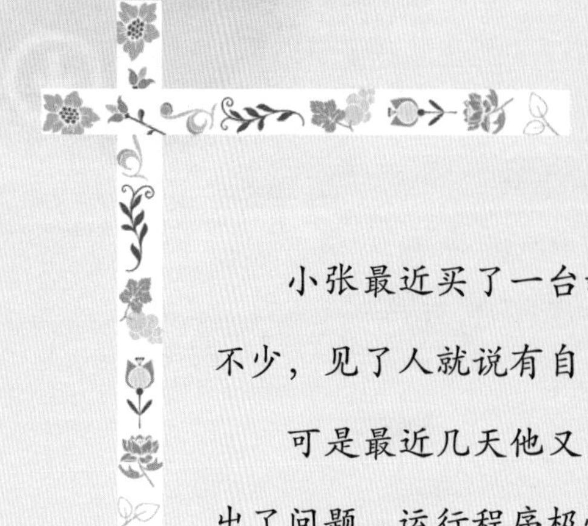

小张最近买了一台新电脑，上网、办公和娱乐都方便了不少，见了人就说有自己的电脑就是好。

可是最近几天他又高兴不起来了，因为电脑莫名其妙地出了问题，运行程序极慢。小张用杀毒软件杀了几遍毒也不见好转，这可愁坏了他。

他向外地的同学求救，同学分析了他电脑的症状，确定了可能的故障。可是同学在外地，不能操纵小张的电脑，这又怎么办？但他同学自信地说，没问题，我们用远程协助！在双方建立了远程协助后，他同学操纵着小张的电脑，很快解决了问题。

以上所说的远程协助就是两个电脑用户通过互联网进行连接并达到一方可以控制另一方电脑的效果，最终解决问题。

通过这章的学习相信大家会对远程协助有所了解，电脑有了问题，如果你的同学或好友中有电脑高手，就可以足不出户解决问题了。

第四章

远程协助

本章学习目标

◇ 向好友发送远程协助请求

学习发送远程协助请求的方式。

◇ 使用 QQ 建立远程协助

QQ 不仅能够用来和朋友聊天，还可以让朋友帮你解决遇到的电脑问题。

◇ 远程桌面

做好远程桌面链接的准备工作，然后就可以使用远程桌面来远程操控电脑啦。

向好友发送远程协助请求

“远程协助”是 Windows 操作系统附带的一种简单的远程控制方法。远程协助的发起者向别人发出协助要求，在获得对方同意后，即可进行远程协助。远程协助中，被协助方的计算机将暂时受协助方（在远程协助程序中被称为“专家”）的控制，专家可以在被控计算机当中进行系统维护、安装软件、处理计算机中的某些问题，或者向被协助者演示某些操作。

本章以 Windows 7 操作系统为背景介绍远程协助的知识。

点击【开始】，弹出程序菜单，在搜索框内输入“远程协助”，出现图 4-1 所示界面。

图 4-1　搜索远程协助

点击【Windows 远程协助】，弹出图 4-2 所示的界面。对话框中，“邀请信任的人帮助您”是指当你需要帮助的时候，请别人（下文称“专家”）帮助你。“帮助邀请人”指别人需要帮助，你去帮助别人。

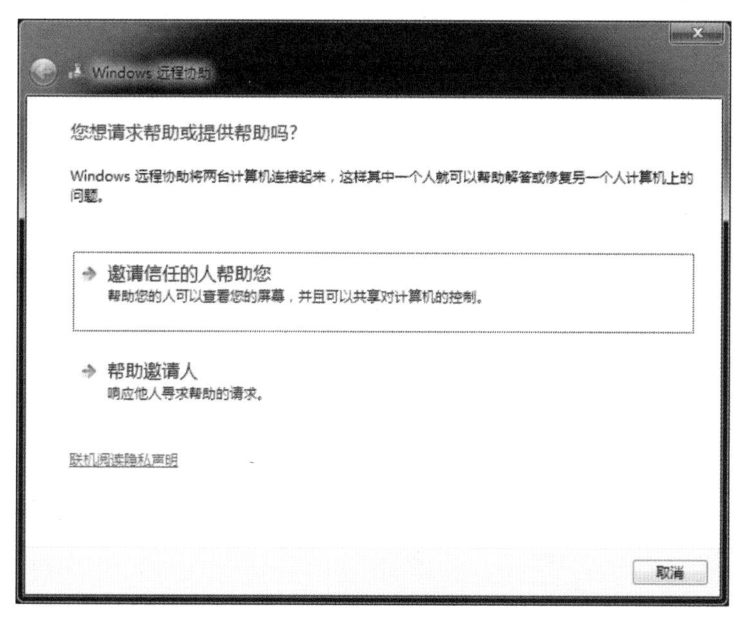

图 4-2　远程协助界面

首先点击【邀请信任的人帮助您】，弹出图 4-3 所示的界面。此时会有三种邀请专家的方式。点击【使用轻松连接】，弹出图 4-4 所示的页面。在页面中间行有一个轻松连接的密码，将这个密码告诉对方，对方在远程协助里输入这个密码，就可以连接到你的电脑了。

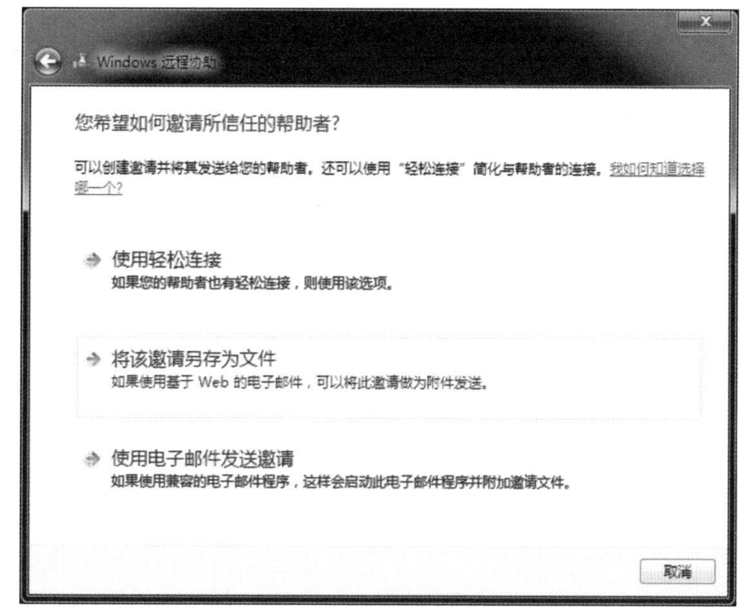

图 4-3　选择帮助

连接后，点击【聊天】，你就可以和专家聊天了。如果你和专家的网络质量比较好，点击【设置】，可以将带宽使用情况选为最高。若网络质量不好，可以将带宽使用情况选择为最低，这样就会优先保证你和专家通信的流畅性。

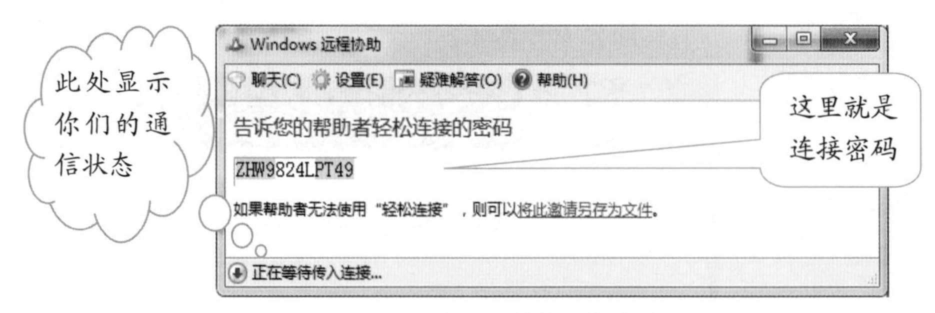

图 4-4　等待连接页面

第二种连接方式是“将该邀请另存为文件”。点击图 4-4 的【将此邀请另存为文件】，弹出图 4-5 所示的界面。在文件名中输入名字，然后点击【保存】。这时会在你选择的硬盘上出现一个文件，然后你的电脑将会进入图 4-4 所示的等待状态。

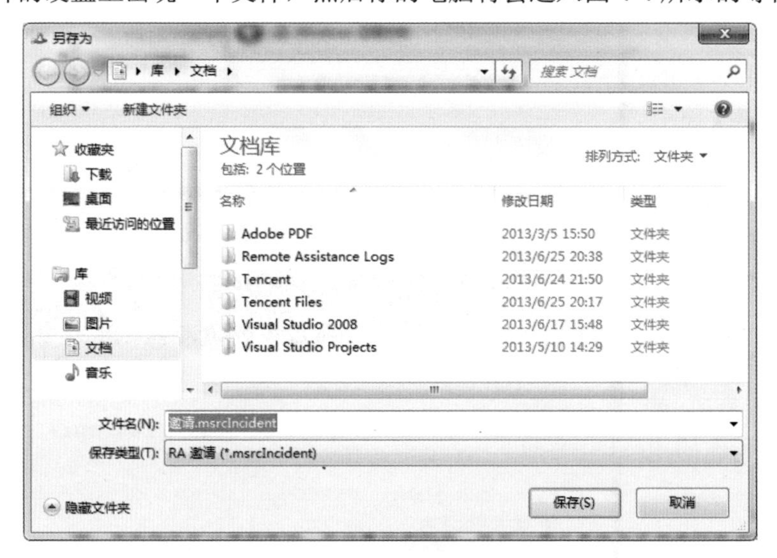

图 4-5　保存邀请文件

不要关闭这个对话框，这个程序会一直等待对方的连接。将文件发送给对方。

远程协助

输入用于连接到远程计算机的密码

您可以从请求协助的用户那里获取此密码。在您键入密码并单击“确定”后，会启动“远程协助”会话。

输入密码:

确定　取消

图 4-6　输入密码界面

对方收到你的文件后，用鼠标双击文件，出现图 4-6 所示的界面，在密码框中输入你的电脑上出现的密码，点击【确定】，此时会在你的电脑上弹出图 4-7 所示的对话框。点击【是】后，对方即可连接到你的电脑。对方连接到你的电脑后，就可以完全看到你的电脑屏幕。

接着在图 4-8 所示的控制请求对话框中点击【是】，专家就可以对你的电脑进行控制了，如图 4-9 所示。

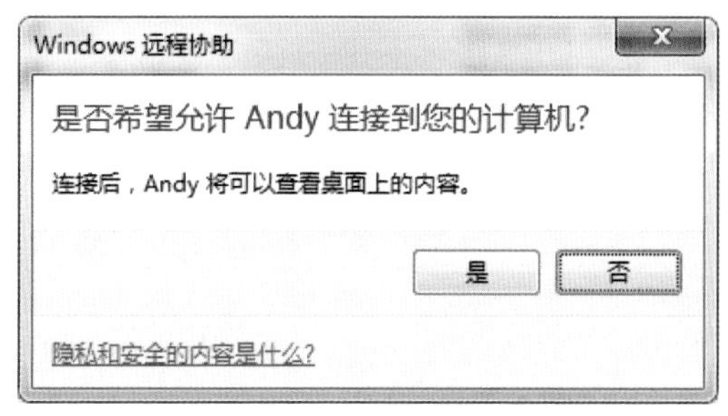

图 4-7　连接请求对话框

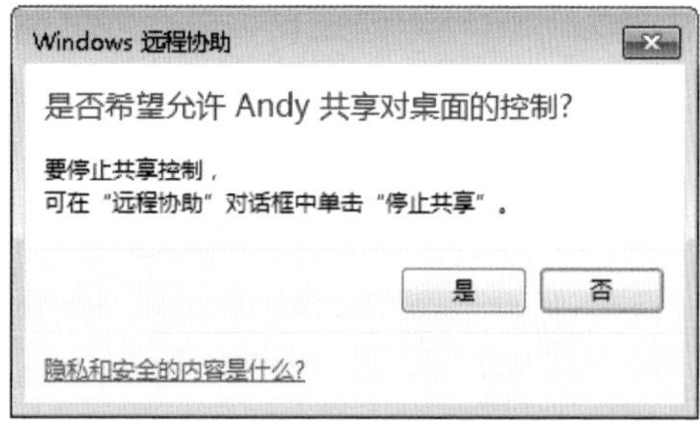

图 4-8　控制请求对话框

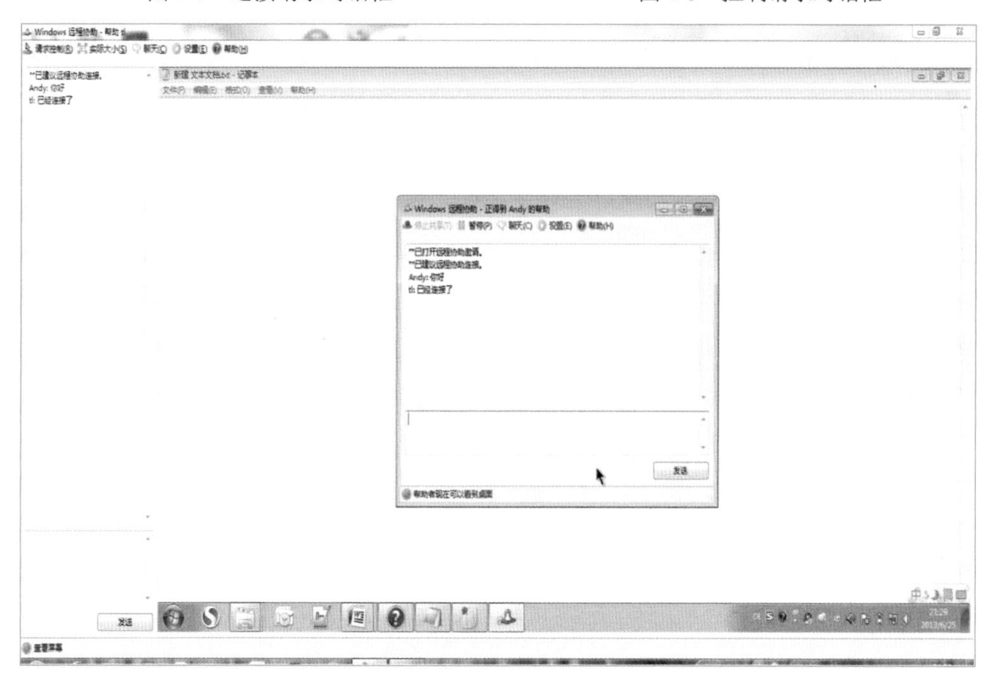

图 4-9　专家看到你的屏幕

提示　在专家看到的屏幕中，左侧是聊天区域，而右侧看到的记事本和对话框则是你电脑上的内容。

第三种连接方式是“使用电子邮箱发送邀请”。点击【使用电子邮箱发送邀请】，系统会自动启动 Outlook 软件，弹出图 4-10 所示的界面。在收件人一栏中，输入对

方的邮箱账号，然后点击【发送】。这样你的邀请信就发送出去了，对方接收到邮件后，只要将附件下载下来，直接双击即可。连接过程与以上介绍的类似，这里不再详述。

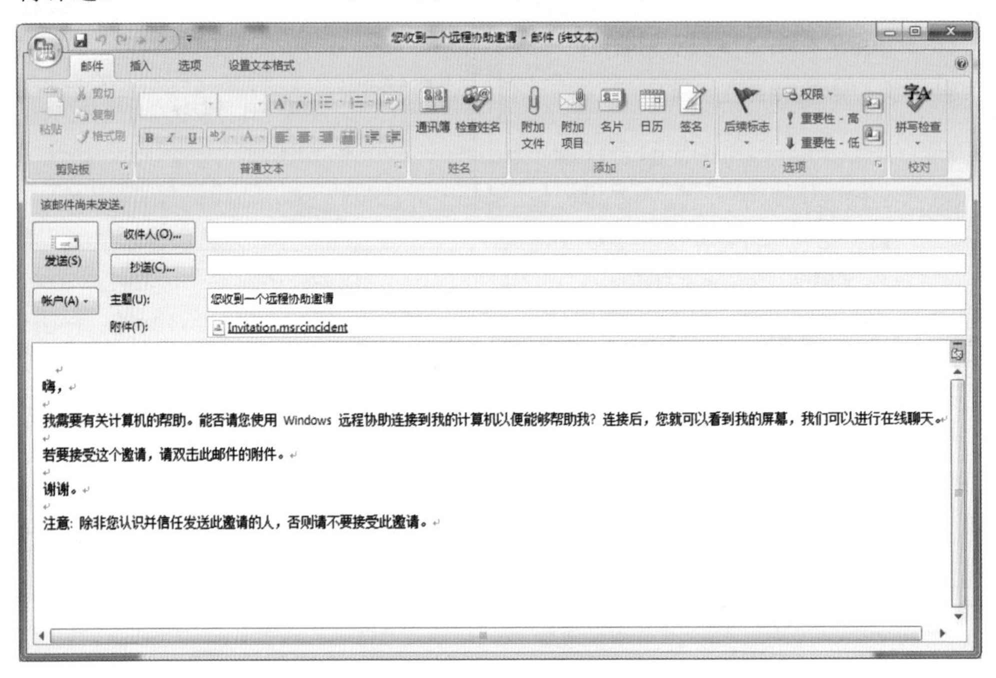

图 4-10　使用电子邮箱发送邀请

使用 QQ 建立远程协助

尽管 QQ 是一个即时性聊天工具，但它也集成了远程协助功能，比起 Windows XP 自带的远程协助功能在使用上更方便一些。下面我们就来介绍 QQ 的远程协助功能的使用方法。

提示

QQ 远程协助与 Windows 自带的远程协助功能的区别是：QQ 远程协助不需要密码，只要在连接时双方同意即可。

首先打开QQ，选择你想要求助的好友，并双击他的头像，或右击他的头像后选择【发送即时消息】，打开聊天页面。然后，在聊天对话框的上方，如图4-11所示，点击图标，再点击【邀请对方远程协助】，此时聊天界面变成图4-12所示的画面。这时系统自动向对方发送一个远程协助的请求，其桌面显示如图4-13所

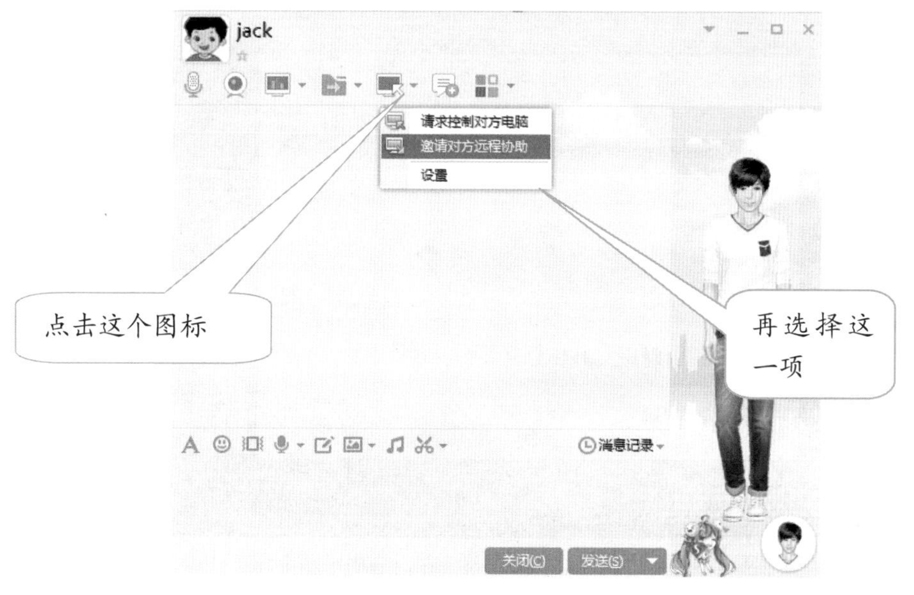

图4-11 邀请对方远程协助

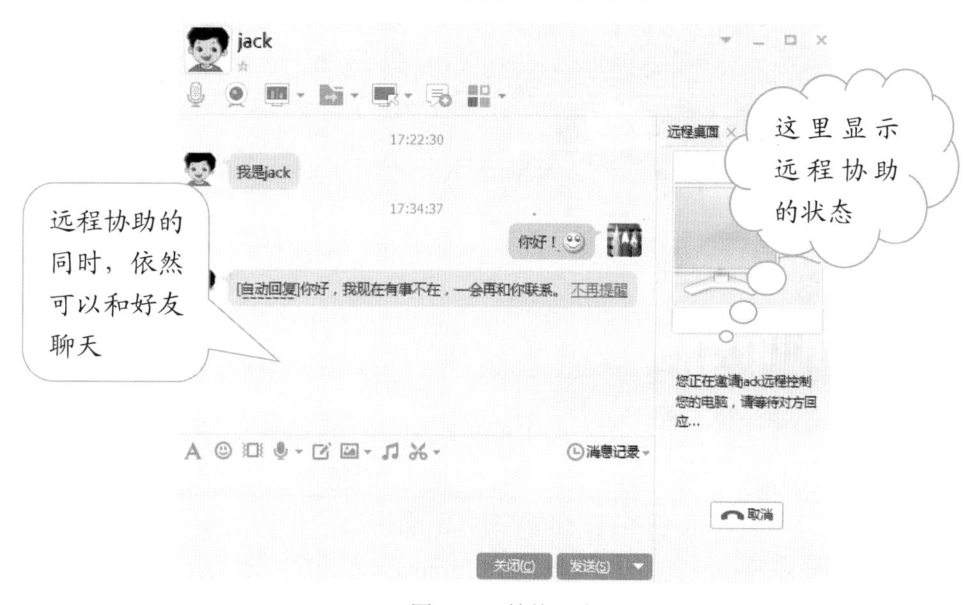

图4-12 等待回应

示。如果对方同意了你的请求，点击【接受】按钮后就可以看到你的桌面了，如图 4-14 所示。也就是说，你进行的任何操作对方都会一览无余，你的任何行动都在对方的监视之下。

图 4-13　你的远程协助请求出现在对方的电脑桌面上

图 4-14　连接后对方看到的画面

远程协助连接成功后，对方看到的界面与你的桌面完全一致，并可以直接用鼠标或键盘对你的电脑进行操作。当好友完成操作，你想退出这种操作方式时，可以

使用快捷键【Shift】+【Esc】或直接点击【取消】按钮即可。

比较而言，使用 QQ 的远程协助的确比 Windows 自带的方便一些，但要确保你所邀请的好友在线。另外，要强调一点，建立远程协助后要注意安全问题，不要被某些人所利用，否则会威胁到你的电脑及隐私安全。

QQ 可以邀请对方控制你的电脑，也可以申请控制对方的电脑。同样点击图标，然后再点击【请求控制对方电脑】，此时会直接向好友发出申请，界面如图 4-15 所示。对方的 QQ 上也会出现类似的界面，对方可以选择【接受】或者【拒绝】。对方若选择了【接受】，QQ 就会自动进行连接，连接成功后你的电脑上将会出现图 4-16 所示的界面。

图 4-15　请求控制对方电脑

图 4-16　连接成功后的界面

从图 4-16 中可以看到，整个界面显示的都是对方电脑的桌面情况，上方有一个控制工具栏，有 5 个功能按钮。点击可以使界面全屏化。这个图标可以控制声音的有无。当网络状况不好时，点击可以切换为流畅模式。在这种模式下，将会牺牲画面的质量，来提高流畅度。这样的设置虽然解决了网络传输速度的问题，但对方所看到的画面将会失真，也就是在画面的色彩上会与你所看到的有些许差异。点击可以使该界面始终保持在前方。

现在，你就可以控制对方的电脑了。

远程桌面

讲到了远程协助，就不得不提一下远程桌面连接。远程桌面也是微软 Windows 操作系统自带的一个功能，它能起到不在电脑旁就能够操纵电脑的作用。举个例子，你在公司有一台电脑，工作上的资料都存在这台电脑里，但你回家后又想进行工作，那么就可以使用家里的电脑利用远程桌面连接操控公司的电脑，这样你就可以继续工作了。

提示

远程桌面与远程协助的区别是，远程桌面只需要电脑允许连接，凭用户名、密码直接连接即可操纵电脑。而远程协助必须要电脑主人的配合、同意才可以进行。

为了能够成功地进行远程桌面的连接，我们需要对被连接的电脑进行一些设置。首先右键单击桌面上的计算机图标，在其快捷菜单中选择【属性】选项，弹出如图 4-17 所示的界面。这个界面显示了电脑的一些基本软件、硬件信息。对电脑的管理、控制也可以从这个界面进入。再单击左侧竖向栏中的【高级系统设置】，在弹出的对话框中点击【远程】，界面如图 4-18 所示。

在界面的下方，是关于远程桌面的设置。若选择了“不允许连接到这台计算机”，所有人都无法连接到这台计算机。若选择了“允许运行任意版本远程桌面的计算机连接（较不安全）（L）”，那么知道这台计算机 IP 地址，或者计算机名的用户都将能够连接到这台计算机。这个选项会使计算机处于不安全的状态，不建议选择。我们建议选择“仅允许使用网络级别身份验证的远程桌面的计算机连接（更安全）（N）”，此时一个用户想要连接到这台计算机，除了要知道 IP 地址或者计算机名外，

还需要知道你计算机的用户名和密码，这样就安全了。

图 4-17 系统属性界面

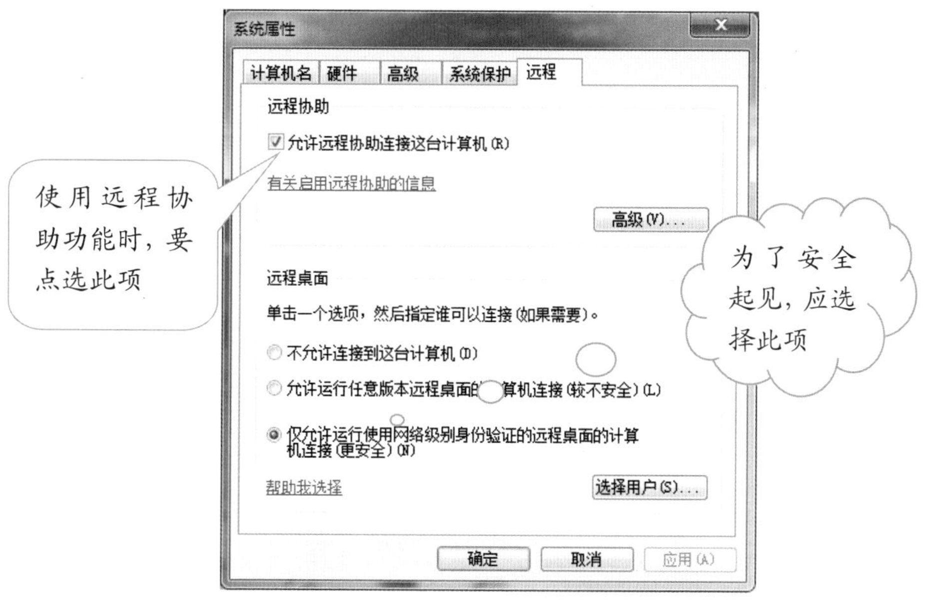

图 4-18 远程界面

提示 在使用计算机时，要注意自己计算机的安全性。若被其他人控制，除了重要资料可能丢失，还可能被别有用心的人控制做违法的事情。

远程桌面用户

下面所列的用户可以连接到这台计算机。另外，管理员组中的任何成员都可以进行连接(即使没有列出)。

tl 已经有访问权。

添加(D)... 删除(R)

要创建新用户帐户或将用户添加到其他组，请转到“控制面板”，打开用户帐户。

确定 取消

图 4-19 选择远程用户

选择用户

选择此对象类型(S):

用户或内置安全主体 对象类型(O)...

查找位置(F):

TL-PC 位置(L)...

输入对象名称来选择(示例)(E):

检查名称(C)

高级(A)... 确定 取消

图 4-20 添加用户

下面选择可以连接到本计算机的用户。点击【选择用户】，弹出如图 4-19 所示的页面。页面会列出可以连接到这台计算机的用户，如果你想使用它连接的用户名没在列表中，那么点击【添加】，弹出图 4-20 所示界面。如果你知道要添加的对象名称，那么可以直接输入，点击检查名称，会得到检查结果，直接选定即可。

如果你不确定是哪一个，那么点击【高级】，在弹出的对话框中点击【立即查找】，就会列出所有能够使用的用户名，但带有标志的是没有连接权限的用户。选择其中一个用户名，单击【确定】，在接下来的对话框中，连续单击三次【确定】，即完成了可连接用户的添加。

提示 选择特定的用户使用远程连接功能，可以使电脑更加安全。

虽然完成了以上设置就可以进行连接了，但连接前你需要知道自己的计算机名称和 IP，因为这两项内容是用来定位你的计算机的。

要知道自己计算机的 IP，你可以通过查看网络连接来获取。在 Windows 系统中点击【开始】|【控制面板】|【网络和 Internet】|【查看网络状态和任务】|【本地连接】，在弹出的界面中点击【详细信息】，弹出图 4-21 所示的对话框。这个界面中显示了本计算机网络相关的信息。其中 IPv4 地址后面的、以点为分割的数字串就是这台计算机的 IP 地址。

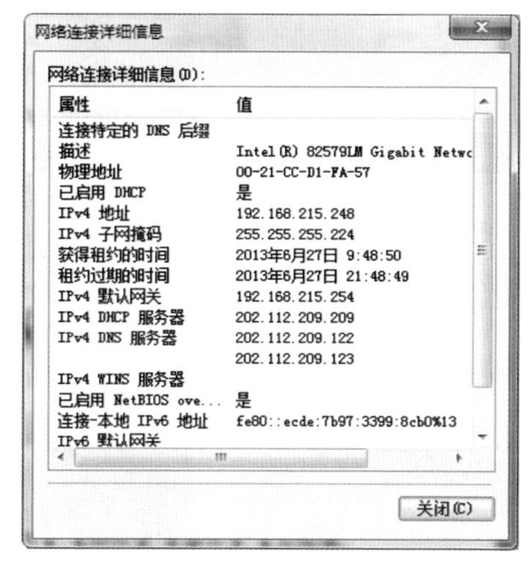

图 4-21 查看自己的 IP 地址

获取计算机名称的方法是：点击【开始】|【控制面板】|【系统和安全】，再点击【系统】命令组中【查看该计算机的名称】，将弹出如图 4-22 所示的界面。其中有一项是计算机全名，这个就是我们可以使用的计算机名称。

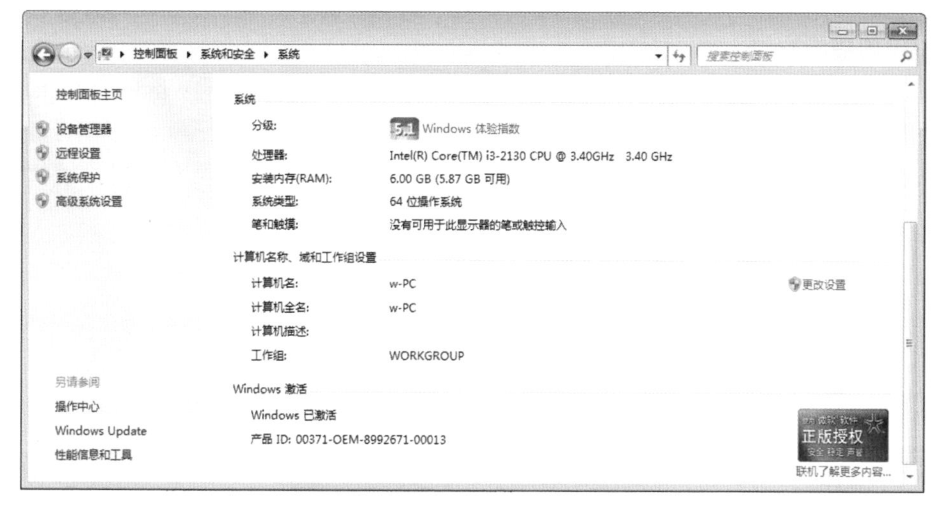

图 4-22 查看自己的计算机名称

做完了以上工作，我们就可以进行远程桌面连接了。具体步骤如下：

1．点击【开始】|【所有程序】|【附件】|【远程桌面连接】，启动远程桌面连接程序，如图 4-23 所示。

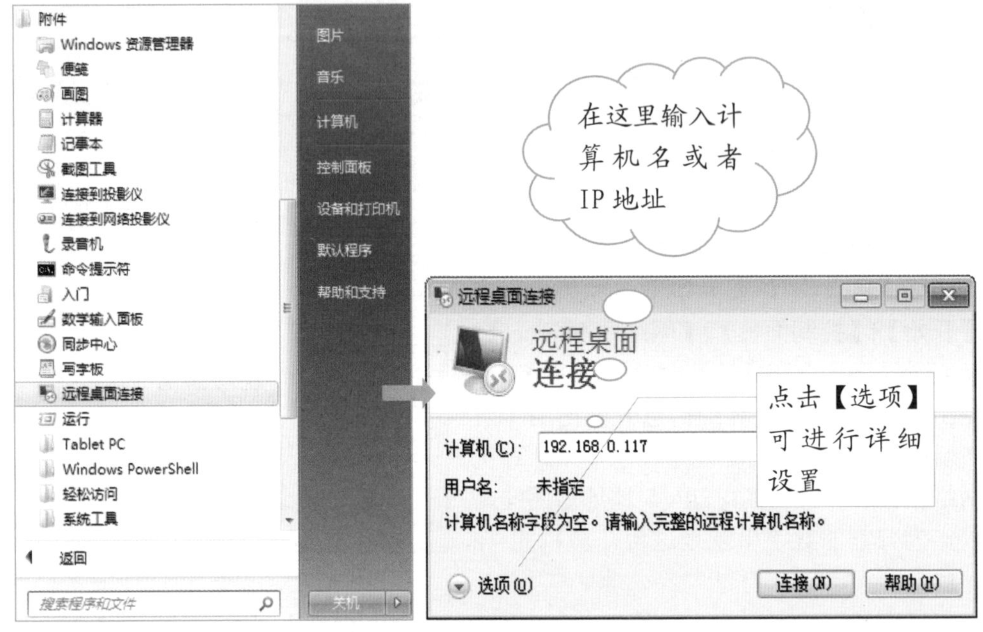

图 4-23　进入远程桌面界面连接

2．在输入框内输入计算机名称或者 IP 地址。在这里强调一下计算机名称和用户的区别。计算机名称是你的计算机在网络中的一个名字，而用户名是你计算机中的一个系统用户名。

3．点击【连接】。如果你连接电脑用的是早期的操作系统即 Windows Vista 以前的版本，比如 Windows XP 系统，就会出现图 4-24 所示的安全提示。点击【是】，即可继续连接。若不想再次看到此对话框，点选“不再询问我是否连接到此计算机（D）”，以后再连接就不会出现此对话框。

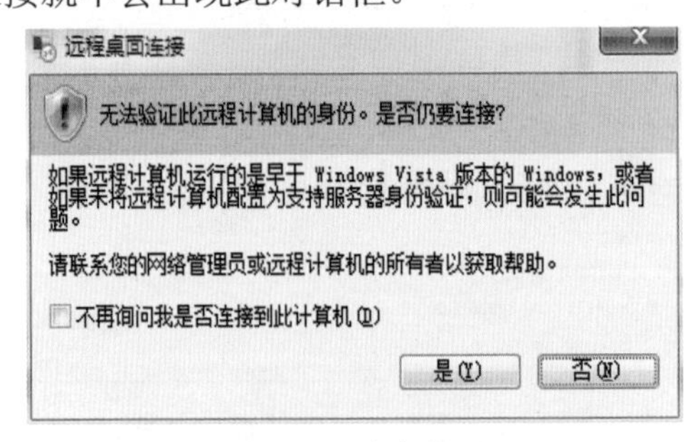

图 4-24　安全提示

4．在图 4-25 所示的界面中输入用户名和密码。你所要输入的密码就是你的用户名下的密码，在这个连接中，没有系统密码是不能连接成功的。

图 4-25　输入用户名和密码

5．如果连接成功，就进入了你要连接的电脑的系统。

连接远程桌面，除了上面的方法外，还可以用下面介绍的方法。在远程桌面连接界面点击【选项】，出现图 4-26 所示界面。在该界面中，有保存设置的功能。单击【另存为】，选择存放路径，即得到一个名为 Default 的文件。双击这个文件即可直接连接到你所设置的电脑。这样，如果你能把这个文件带到你所使用的电脑，那么就可以省去上面所有的操作。

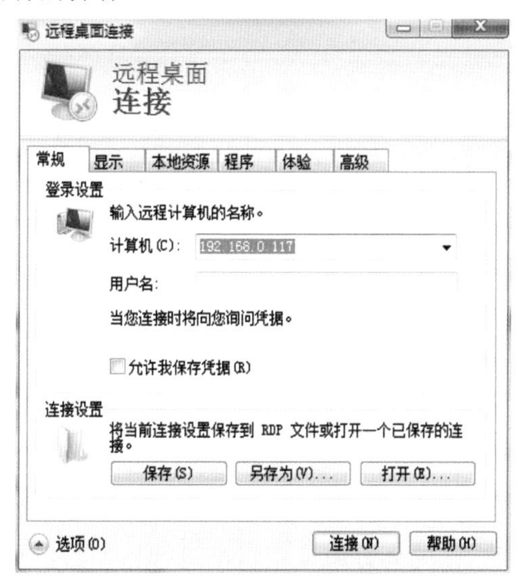

图 4-26　常规设置界面

另外，在该界面直接输入计算机名或者 IP 地址，以及用户名，点选“允许我保存凭据”，再次连接时，只需输入密码即可。

为了便于在远程桌面模式下操作，我们可以对其显示方式进行设置。点击【显示】，出现如图 4-27 所示界面。在显示配置中，可以选择远程桌面的大小，即可通过拖动界面上的滑块，来改变显示界面的大小。将滑块滑动到最右边，可全屏显示。

图 4-27　显示设置

在颜色设置中，可选择不同的颜色深度来显示连接电脑的界面。颜色深度越高，画面质量越好，所占带宽越大，反之亦然。所以，当网络状况不好的时候，可选择较低的颜色深度来节省带宽，使操作更加流畅。

虽然远程桌面连接的是电脑，但被连接的电脑的外部硬件设备也同样可以被连接。单击远程桌面连接页面上的【本地资源】，弹出如图 4-28 所示的页面，我们可以看到远程计算机上的声音、Windows 组合键、硬盘驱动器、打印机、串行口统统都可以连接上，也就是说，你不仅仅连接了一台电脑，而是连接了一套设备。在这个页面上，你可以按照自己的喜好或使用情况进行相关的设置。

尽管远程桌面可以很方便地连接另一台电脑，但它要求被连接的电脑要一直保

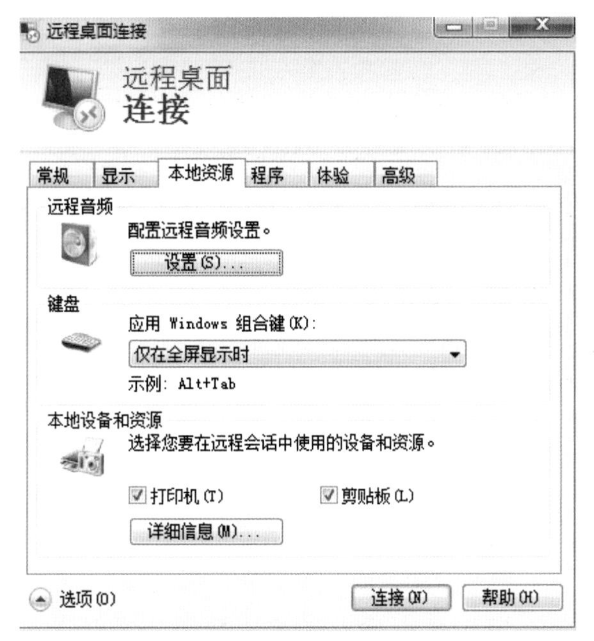

图 4-28　本地资源设置

持开机或待机状态，所以在离开被连接的电脑前，你不能关机或使之睡眠。如果在使用过程中遇到自己不会的问题，可以随时点击【帮助】以获取帮助。

前面几章我们已经介绍了几种通信和交流的方式，然而互联网上的通信方式远不只这些。

互联网的发展异常迅速，功能也越来越强大，除了前面介绍的几种沟通方式外，它还能发短信、打电话、发传真等等。

2012 年全国移动短信发送量达到 8973.1 亿条，同比增长虽仅为 2.1%，但绝对数量还是惊人的。公众对短信文化的认同感逐渐加强，使越来越多的手机用户跻入书写、发送短信“大军”。尽管短信方便，但狭小的键盘会让我们的大拇指不堪劳累；虽然短信便宜，但积少成多，也是一笔不小的数目。不过，也有一些简便和节省费用的方法，看过这章后，相信你就能够在网上方便、便宜地发短信了。

第五章

飞信让我们在一起

本章学习目标

◇ 安装飞信系统和申请服务

下载、安装飞信，并申请账号。

◇ 使用飞信

使用飞信，沟通畅快、无距离。

◇ 设置飞信

让飞信更适合你的习惯。

◇ 飞信群组

聚集好友，畅聊无限制。

◇ 提醒管家

“管家”帮忙，让生活井然有序。

◇ 身边动态

随时分享信息，与朋友保持充分的互动。

安装飞信系统和申请服务

飞信是中国移动的综合通信服务，即融合语音（IVR）、GPRS、短信等多种通信方式，覆盖三种不同形态（完全实时的语音服务、准实时的文字和小数据量通信服务、非实时的通信服务）的客户通信需求，实现互联网和移动网间的无缝通信服务。飞信可以通过 PC、手机、WAP 等多种终端登录，实现 PC 和手机间的无缝即时互通、手机电脑文件互传等。不但可以免费从 PC 给手机发短信，而且不受任何限制，能够随时随地与好友开始语聊。

提示　飞信是一款能够给手机发短信的软件，所以即便你不登录飞信软件，同样也能够在手机上以短信的形式收发消息。

说了这么多的好处，还是开始我们的飞信之旅吧。如果你是中国移动手机用户，就可以享受飞信的各种服务。

1．首先登录飞信首页 http://feixin.10086.cn/，页面如图 5-1 所示，进行飞信客户端的下载。

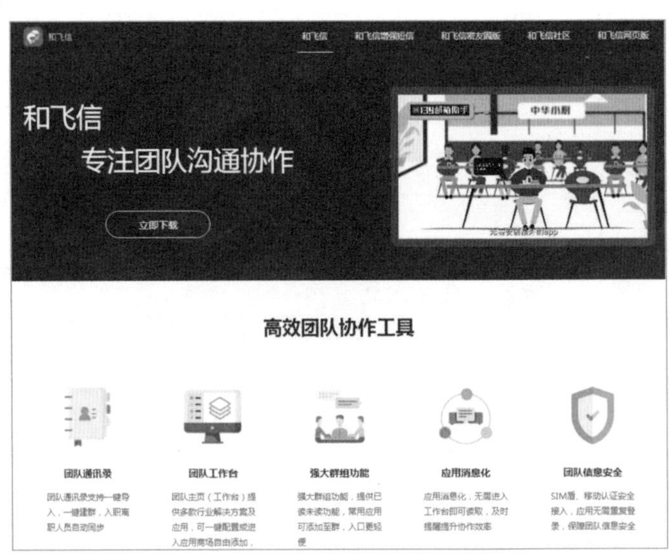

图 5-1　飞信首页

2．点击【立即下载】，进入飞信客户端下载中心。飞信的客户端分电脑和手机两类。电脑客户端有 Windows 版和 Mac 版两种类型，用户需要根据自己的电脑操作系统选择相应的下载。作为 Windows 系统的用户，我们这里点击选择【Windows 客户端】，再点击【浏览】来选择你要存放软件的位置，然后点击【下载】，其过程如图 5-2 所示。

下载手机客户端的时候，需对照自己手机的操作系统进行下载。在将手机与电脑连接后，将鼠标箭头指向飞信客户端下载中心上的安卓（Android）系统图标或苹果（iOS）系统图标，然后直接用手机的扫一扫功能扫描安卓系统或苹果系统的二维码，即可将飞信软件安装到手机上。

图 5-2　下载 Windows 客户端界面

3．现在介绍一下电脑客户端的安装过程。下载后，双击安装包，弹出图 5-3 所示的页面。其中快速安装方式不需要用户在安装过程中有太多干预，会自动将飞信程序安装在电脑中。但这种方式 不能选择安装位置，以及不能有选择性地进行安装。这里我们以自定义安装为例来介绍其安装方法。

图 5-3　安装首页

提示 快速安装会默认将程序安装在系统盘中，并且很多附加的软件等都会被安装。如果你对电脑不是特别熟悉，推荐选择快速安装。

点击【自定义安装】，弹出图 5-4 所示的对话框。点击【浏览】，选择安装位置。下面的 2 个单选按钮（圆按钮）可用来选择将聊天记录等数据存放在何处。

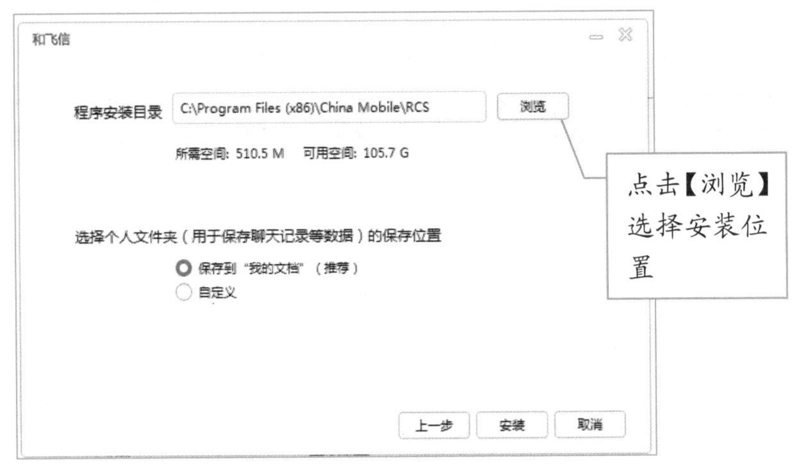

图 5-4 选择自定义安装

4. 然后点击【安装】，程序将自动安装。安装完成后，界面如图 5-5 所示。点击【安装完成】，飞信安装完毕。

图 5-5 安装完成

提示 许多软件在安装过程中，都会默认安装其他的程序，所以你在安装软件时，要每一步都仔细检查，不需要的程序就不安装。

安装完客户端我们就可以申请使用飞信了。首先打开飞信软件，登录界面如图 5-6 所示。登录时，需要用手机号登录，若没有这些账号，则必须注册。如果已经完成注册，可直接登录。

点击登录界面上的【免费注册】，弹出图 5-7 所示的手机注册向导界面。在框内输入你的手机号码（移动、电信或者联通）。

图 5-6　飞信登录界面

图 5-7　飞信注册界面

然后，在下面验证码一栏中填入系统所提供的验证码，接着在“我同意飞信软件许可及服务协议”前面单击，此时，系统会向你所输入的手机号码发送一个 6 位的验证码，把你收到的验证码输入到界面的方框中。注意，在你收到含有验证码的短信后，必须在 1 分钟内完成此页的注册，否则验证码会失效。点击【下一步】，进入如图 5-8 所示的界面。此时，系统提示设置密码，请注意密码长度不能少于 6 位且不能为纯数字。成功设置密码后便可完成注册，如图 5-9 所示。

图 5-8　设置密码界面

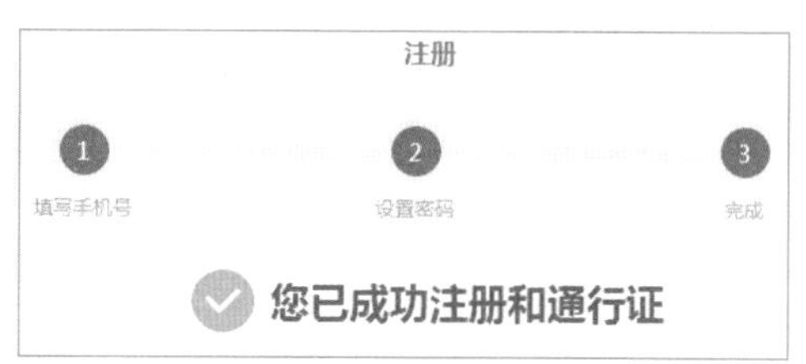

图 5-9　成功注册界面

另外，移动用户还可以通过手机编辑短信“KTFX”发送到 10086，随后你将收到短信，通知开通飞信成功并获得你的飞信号码，首次注册开通时还会提示你登记个人信息。

如果你想退订飞信服务，可以发送短信“QXFX”到 10086 并依据收到的短信内容回复确认；或登录 PC 客户端后，在菜单中依次选择“用户→我的服务→注销 Fetion 服务”，之后，系统会要求你输入登录密码，输入后确认即可注销飞信业务。

使用飞信

这一节我们以飞信的 PC 客户端为例讲解飞信的使用。启动飞信程序，在图 5-10 所示的登录界面中输入自己的手机号码和密码，为了保护你的私人信息，在登录前先确认自己所使用的计算机的使用状态，是公共计算机还是私人计算机，如果是公共计算机，不要勾选记住密码和自动登录；如果是私人电脑，可以勾选，这样下次登录的时候就不用输入密码并且会自动登录。

填好以上信息后单击【登录】，进入如图 5-11 所示的页面。

图 5-10　登录界面

图 5-11　飞信主界面

首先，我们要进行好友添加，在图 5-11 所示的页面下方，单击【好友】，弹出图 5-12 所示的页面。若你想要添加的好友是个人，那么点击【个人好友】，在输入框内输入对方的手机号、邮箱或者飞信号，点击【添加】，系统便会向对方发出好友添加的邀请，待对方同意邀请后便成为了你的好友。

图 5-12　添加好友

如果你想添加的是一些公共（商业）账号，那么点击【公众好友】，输入公共

账号或者昵称，点击【查找】，就会在下方出现能和你输入的关键字匹配的所有好友，点击【关注】即可。

添加完好友，我们就可以通过飞信系统和好友进行沟通了。通过飞信，你既可以把信息发送到好友的手机上，也可以把信息发送到好友的飞信 PC 客户端上。在好友列表中选择想要发送信息的好友，双击好友昵称或右键单击好友昵称然后左键单击列表中的【发送即时消息】，即弹出了消息发送页面，其页面如图 5-13 所示。界面中有两处空白框。上方的空白框是用来显示你和对方的消息的，下面的空白框是用来输入消息的。发送消息可在输入框中输入你想发送的消息，输入完后，点击【发送短信】即可将消息发送出去。

图 5-13　发送消息页面

如果你是向对方的手机上发送消息，对方接收到的将是短信。在向对方手机上发送消息时，系统限制每次最多可输入 350 个汉字，系统将自动分割成多条发送到对方手机上。另外，当你的 PC 客户端收到好友的信息后，如果你回复好友的信息，信息将默认回复到好友的 PC 客户端（或手机客户端）上，若好友刚好下线则信息被转发到他的手机上；如果你的好友显示短信在线，则表示该好友没有登录 PC 客户端或手机客户端，但你可以通过客户端给他发信息，他会以短信的形式收到你的信息，对方可以直接回复这条短信，回复的短信将发到你的客户端上。

你可以对好友进行群发短信操作，即可以将同一短信内容直接发送到多个好友的手机上。每个好友回复消息后，将分别建立和你的两人会话。选择群发对象时，

可任意选择好友成员。单击主界面下方的✉图标，即弹出页面。

在群发短信界面内，首先请选择要发送短信的好友，点击【接收人】，弹出图5-14所示的界面。选择好接收人后，点击【确定】。系统会显示出已选择的人，并可继续编辑。在消息输入框内输入想要发送的消息内容，点击【发送】即可发送消息。

图5-14　选择接收人

设置飞信

为了能够更好地使用飞信，我们需要对飞信的设置有所了解。

1．点击主界面下方的⚙图标，或者点击【主菜单】|【设置】|【基本设置】，将会弹出图5-15所示的界面。

2．在“基本设置”页中，主要包括“登录及状态”“短信相关”“主界面与状态”“文件管理”四部分内容。在“登录及状态”中，如果想开启电脑就打开飞信，可点选“开机自动启动飞信”；而“启动飞信时自动登录”则会在启动飞信后不必输入密码，直接登录飞信。如果这两项都选中，那么开机后就会直接登录飞信。如果点击【短信相关】，你可以选择下线后多长时间内手机不接收短信形式的飞信，当然这个时间可以是“永远”，也就是拒绝接受任何短信形式的飞信。如果不想被

打扰，可以在这里进行设置。其他两项可以不做设置，采用系统默认即可。

图 5-15　“基本设置”页内容

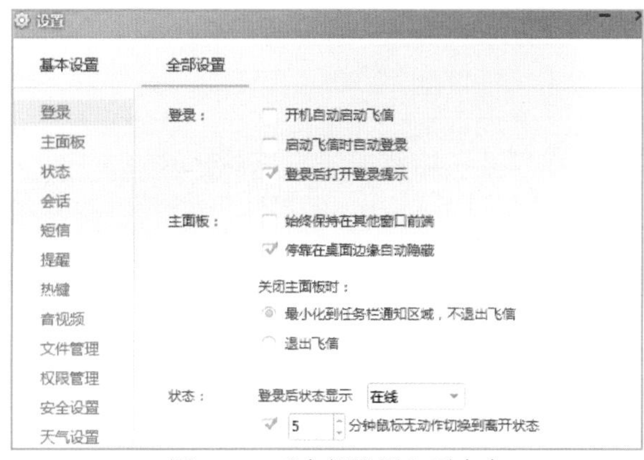

图 5-16　“全部设置”页内容

3. 点击【全部设置】，出现图 5-16 所示的界面。这里主要包括登录、主面板、状态、会话、短信、提醒、热键、音视频、文件管理、安全设置等项设置。

比较实用的是天气设置，点击【天气设置】，选择你想要了解天气情况的城市，每天飞信就会给你发天气预报。

4. 除了在“设置”选项里，其他地方也能进行一些设置。如在图 5-17 中，点击昵称前面的倒三角，弹出关于状态设置的菜单。“我的状态”是一般即时通信软件都有的一项功能，如果你在用手机短信和使用客户端的用户聊天，就无法看到这个用户的“状态”。点击【在线】、【忙碌】、【隐身】或是【离开】等，可切换在线状态。

5. 点击【我的资料】，进入“我的资料”设置界面，如图 5-18 所示。这里你可以选择更改你的头像和昵称，但账户信息如飞信号和所在地等无法修

图 5-17　状态设置

改，会以灰色显示。在基本信息中尽可能多地填写你的信息，这样好友会更加快速地了解你。

图 5-18　我的资料

飞信群组

图 5-19　群组首页

既然飞信能够与其他人相互联系，那么我们当然也希望它有一个能够使许多人在一起“侃大山”的地方，这个地方就是群组。

1．点击飞信主页面上的 图标，转到图 5-19 所示的页面。这个页面展示了你所加入的群组、讨论组和拇指群等。拇指群是小范围的群组，平时通过手机短信与群里所有人群聊，每次仅收取 1 条短信费用。群组是一个固定的聊天圈子，你在群里发布的每一条消息群成员都可以看到。而讨论组是一个临时性的聊天圈子，长时间不发言后将会被自动解散。

2. 如果你还没有加入任何群组，那么首先可以从搜索群开始。点击【搜索群】，弹出图 5-20 所示的对话框。若你已经知道了想要查找的群的群号，那么在下方的输入框内输入群号，点击【搜索】，若群存在将会显示出来。

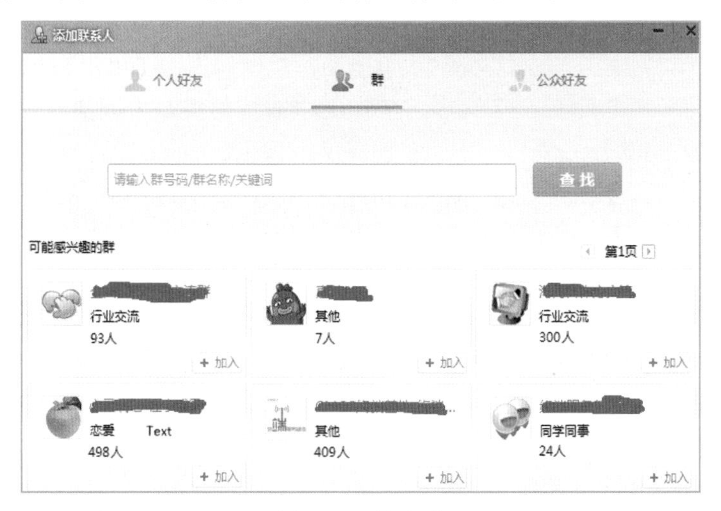

图 5-20 搜索群

如果你恰巧不知道群号，那么可以在“关键字”输入框中输入关键字，比如“学习”，点击【搜索】，将会出现图 5-21 所示的界面，上面列出了所有符合搜索条件的群。

图 5-21 搜索结果

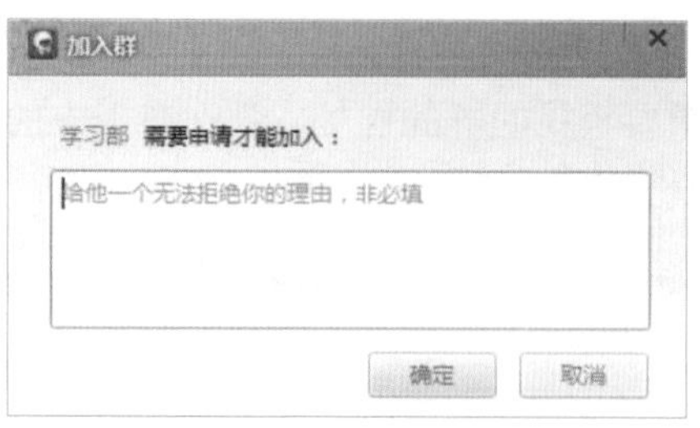

图 5-22　申请加入群

3．在所有列出来的群中，如果想要了解其中的一个群，可以双击它，将会弹出含有群信息的对话框，如图 5-22 所示。若你对该群感兴趣，可以在申请说明中输入你想对群主说的话，然后点击【确定】，即向群主发送了加入申请。如果对方同意，那么你就可以加入这个群了。

4．加入群后，双击群名称可以看到群的界面，如图 5-23 所示。右下方列出了所有群内的成员，双击群成员名字可以和他单独聊天。

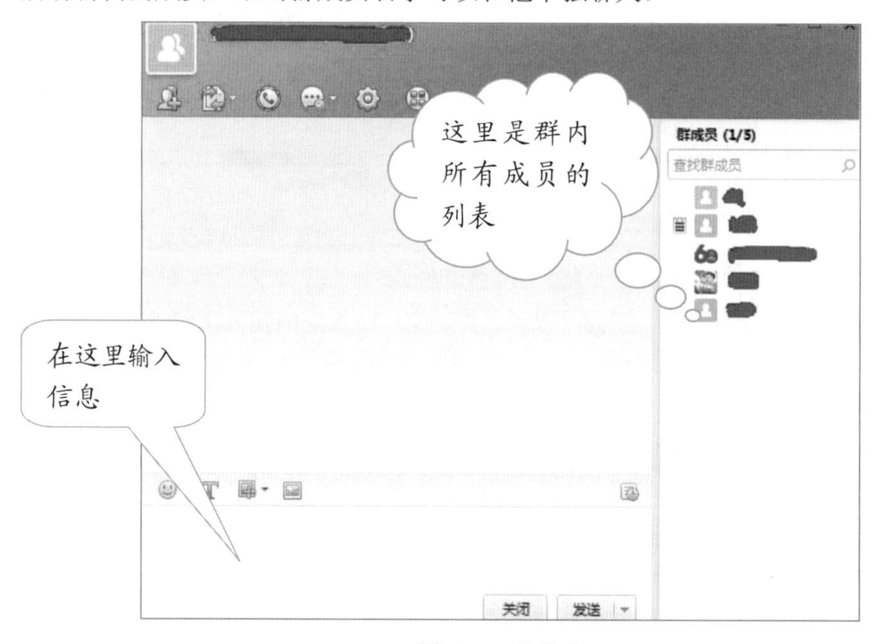

图 5-23　群界面

左下角的空白处是输入信息的地方，输入信息后，点击【发送】你的信息就将被群成员看到。左上角的空白框是展示群内所有发言记录的地方。

图 5-24　字体设置前

5．刚加入群，你输入的字体、字号和颜色都是默认为黑色、宋体，且字号比较小，如图 5-24 所示。如果每个人都是用这样的字，那么在群聊中很难分辨个人的信息。

为了让人容易分辨，也为了让自己的发言更加个性，可以设置自己的字体。点击输入框上方的T图标，将会弹出如图5-25所示的字体编辑栏。在第一个下拉列表中选择字体，在第二个下拉列表中选择字号，点击可以设置字体颜色。后边的“B”表示字体加粗，“I”表示斜体，“U”表示增加下划线。可按自己的喜好进行设置，设置后的效果将会和默认效果大不一样。

图5-25　字体设置后

6. 在群成员列表中，在名字上面点击鼠标右键，将会弹出图5-26所示的命令列表。【发消息】，即向该成员发送信息，就可以和他单独聊天。点击【加为好友】请求添加对方为好友，若对方同意，你们就会成为好友。点击【查看资料】，出现图5-27所示的对话框，界面上详细显示了对方信息，这样就能了解对方了。点击【屏蔽此人消息】后，该人在群内的发言将不能被你看到。

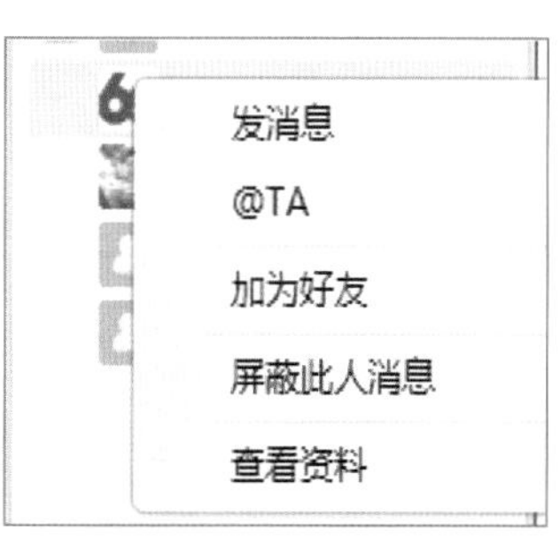

图5-26　命令列表

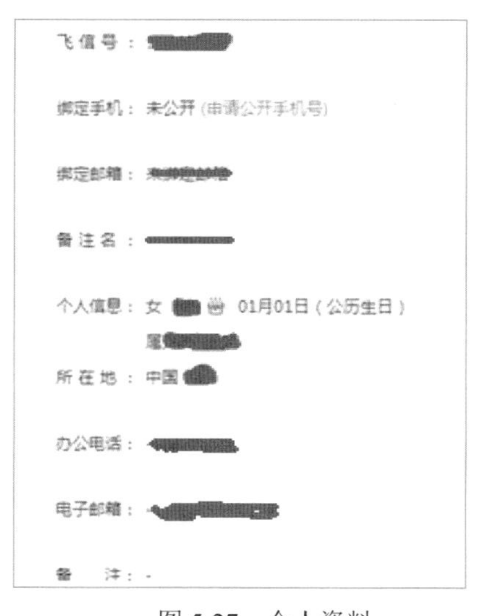

图5-27　个人资料

点击【历史记录】，弹出图5-28所示的界面。该界面将提供你和所有人的聊天记录。

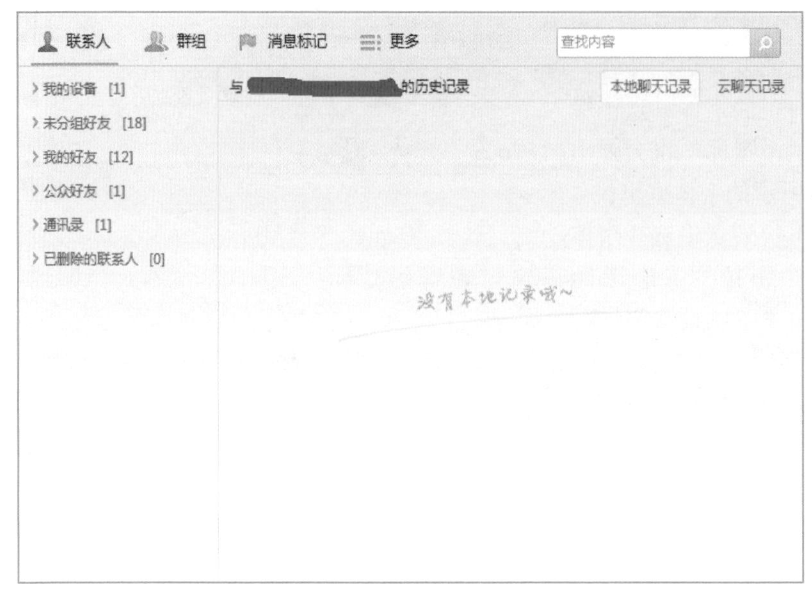

图 5-28　历史记录

提醒管家

提醒管家可以设置默认提醒，还可以订阅生日提醒、小儿疫苗提醒等。

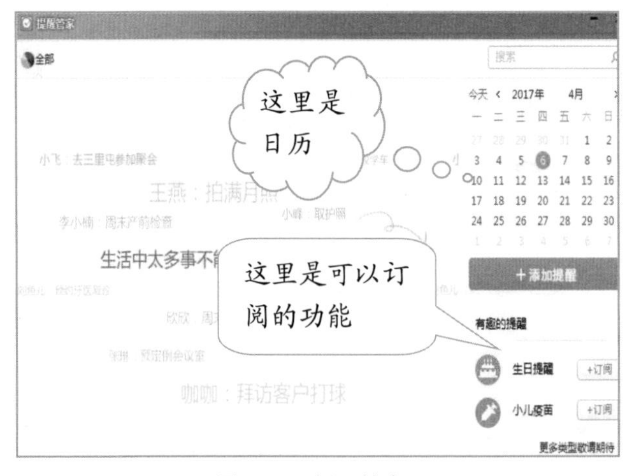

图 5-29　提醒管家

1．点击飞信主界面下方的提醒管家图标，弹出图 5-29 所示的界面。打开提醒管家后，主界面就是一个可以设置发送提醒短信的界面。右侧是日历与其他可以订阅的提醒功能。

2．点击【添加提醒】，界面如图 5-30 左图所示。

在“添加提醒”对话框中，右上角为你希望的类型，包括缴费、纪念日和健康，分别为

紫色、粉红色以及绿色标签。左上角为“提醒时间”，点击后可以设置提醒方式，如：是否循环提醒等，如图 5-30 右图所示。中间的空白处供你填写希望提醒的内容。

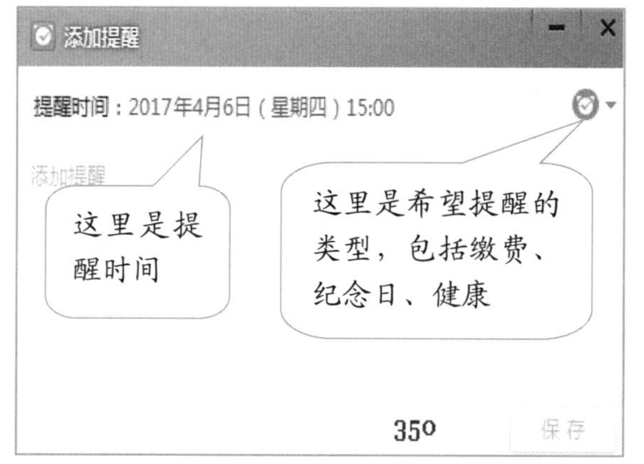

图 5-30　添加提醒

3．如果你朋友很多，不想错过对他们的生日祝福，飞信的生日提醒功能再适合不过了。点击【生日提醒】旁边的订阅按钮，弹出生日提醒界面，如图 5-31 所示。

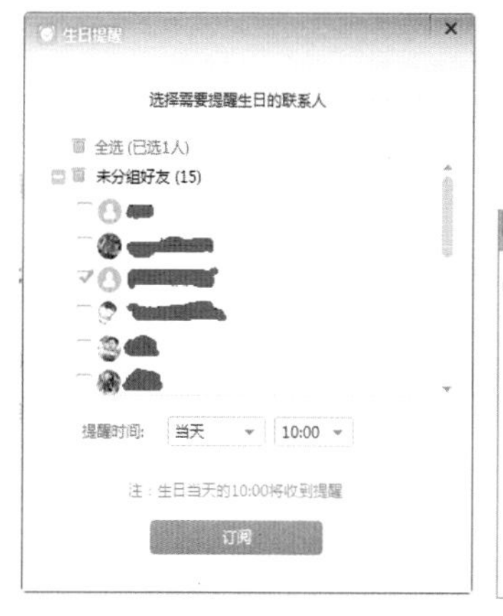

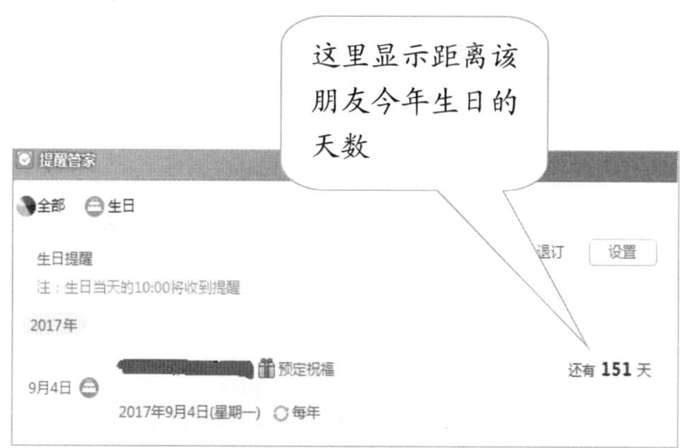

图 5-31　生日提醒界面

从图中可以看到，首先勾选需要提醒生日的联系人，之后确定提醒时间，点击【订阅】，即可发现该联系人的生日提醒出现在提醒管家界面当中。

4．如果你的家庭将产生新的成员，那么在欣喜的同时，应注意为宝宝的健康茁壮成长做好铺垫准备。利用飞信的小儿疫苗订阅功能可以保证家长不会因为忙碌而错过孩子打疫苗的最佳时机。

首先点击【小儿疫苗】旁边的订阅按钮，弹出生日提醒界面，选择宝宝出生日

期，确定提醒时间，点击【订阅】，此时提醒管家界面将出现小儿疫苗提醒的日程，如图 5-32 所示。如果不需要则点击【退订】即可。

图 5-32 订阅小儿疫苗提醒短信

身边动态

如果你出差办公或者外出游学，身处异地，不希望让亲朋好友过度担心，但又没时间与亲戚朋友一一回复，那么通过飞信的身边动态功能发布自己的动态是最好不过的选择。

1. 首先进入飞信主界面，点击【身边】按钮再选择【朋友圈】，界面显示见图 5-33。

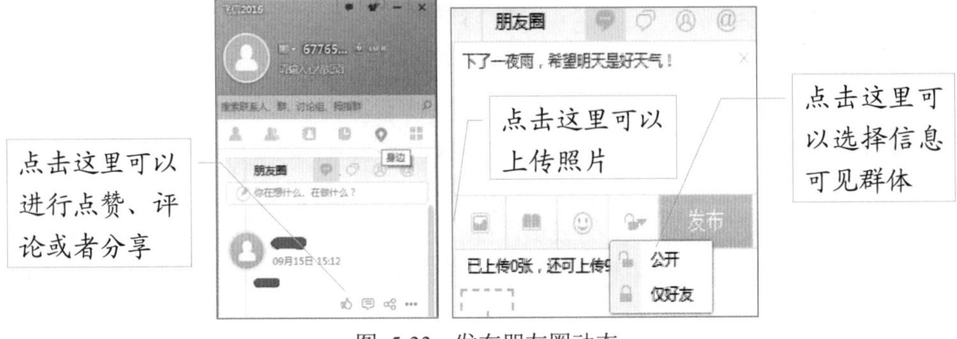

图 5-33 发布朋友圈动态

在发布框中输入希望发布的文字，并加入图片、表情，设置是否公开等选项，最后点击【发布】按钮，该条状态则发布到朋友圈里，此时“我的好友”将可以看到该信息。如果信息发布有误也可以撤销删除后，再重新编写并发送。

2．同时我们也可以对朋友发布的状态进行点赞、评论、分享等操作，与朋友互动，如图 5-34 所示。

3．此外，我们可以在群动态里发布信息，如图 5-35 所示。发布方法与发布个人状态相同，这里不再赘述。

图 5-34　朋友圈动态互动

图 5-35　群动态发布

总之，使用飞信最大的好处就是什么事情都可以直接以短信的形式发送到手机上，方便又快捷。

随着科技的发展以及智能手机的普及，越来越多的人可以利用手机实现以往只有在电脑上才可以做到的事情，这些应用不仅仅包括手机最基本的通话功能，还包括收发邮件、查看文档和图片等办公功能，以及电子支付、交通导航、网上购物、玩游戏等生活娱乐功能，这些功能大大方便了人们的工作和生活。

这些功能以手机App应用软件为载体实现，而微信则是人们近年来最常用的手机通信功能之一。

尽管手机的功能越来越强大，但由于受到各种条件的限制，目前还是无法完全替代电脑，比如说一些文件的编辑、修改等，所以只有将手机与电脑配合使用，才能更为有效地处理各种工作和事务。本章我们就来介绍微信电脑客户端的使用方法。

第六章

微信电脑客户端的使用

本章学习目标

◇ 安装微信系统和申请服务

下载、安装微信，并申请账号。

◇ 电脑上的微信聊天

在电脑上微信聊天一样畅快、无距离。

◇ 利用微信传送文件

介绍如何实现手机与电脑的文件互传。

◇ 微信电脑客户端的设置

学会必要的设置以方便自己的使用。

◇ 微信数据的备份与恢复

将聊天记录和收藏的东西备份到电脑中，随时恢复需要的数据。

安装微信系统和申请服务

微信，是一款目前已经超过 8 亿人使用的手机应用，支持发送语音短信、视频、图片和文字，可以群聊，仅耗少量流量，适合大部分智能手机。

作为智能手机的必备软件之一，微信的使用想必大家已经驾轻就熟了，其实微信也可以在电脑上使用，使用前需要在电脑上下载及安装微信的客户端。下面我们就以安卓系统手机在 Windows 系统的电脑上使用为例，介绍其安装及登录方法。

1．登录微信首页 http://weixin.qq.com/，页面如图 6-1 所示，进行电脑的微信客户端下载。

图 6-1　微信首页

2．微信的客户端分电脑和手机两种，下载电脑客户端首先点击主页面上的【微信 Windows 版下载】，弹出图 6-2 所示的对话框。点击【浏览】，选择你要存放软件的位置，然后点击【下载】。

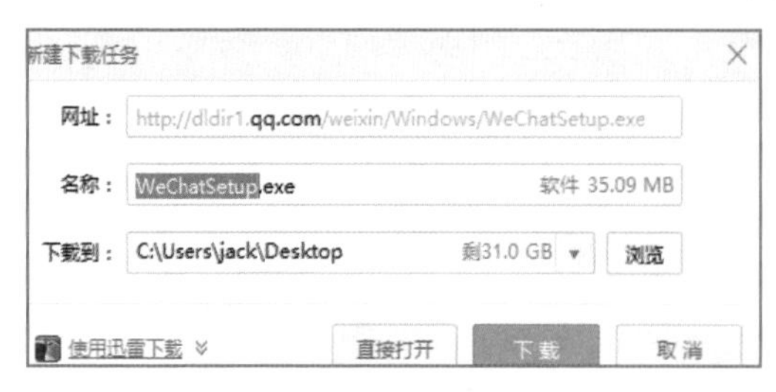

图 6-2　下载界面

3．接下来是电脑客户端的安装过

程。下载完成后，找到下载的位置，双击安装包，弹出如图 6-3 所示的安装界面。点击“更多选项”|“浏览”命令可选择文件安装地址，确定安装地址后，点击【安装微信】进行安装。安装成功后点击【开始使用】即可，如图 6-4 所示。

图 6-3　安装界面

图 6-4　安装完成

4. 安装完客户端我们就可以申请使用微信了。首先在电脑上双击微信软件图符，打开登录界面，然后进入手机微信，找到微信的“扫一扫”功能，将扫描框对准登录界面的二维码进行扫描，在手机发出微微一声响后电脑上会出现确认登录提示界面。如图 6-5 所示。

5. 在手机上按下“登录”命令即可实现对电脑微信客户端的登录。

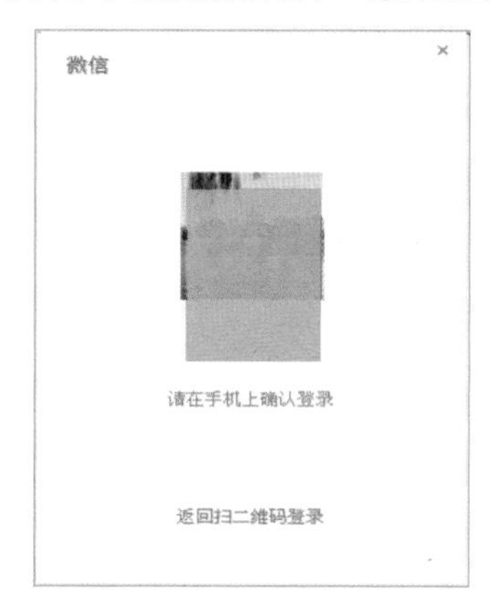

图 6-5　微信登录界面

提示 若没有注册手机微信账号，则必须通过手机微信端进行注册。

电脑上的微信聊天

这一节我们来介绍微信的电脑客户端的聊天方法，手机微信客户端采用的是安卓系统，苹果系统的微信使用方法与此基本相同。

1. 首先启动微信程序，在界面点击【登录】，此时手机微信端会显示登录提示，触按“确定”即可登录，如图 6-6 所示。（若用户第一次登录电脑客户端，则需要使用“扫一扫”，之后再登录时则不需要）

图 6-6　登录界面

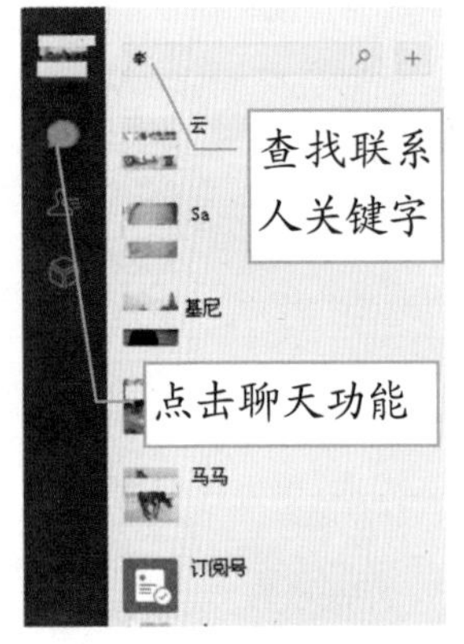

图 6-7　查找联系人

2. 进入界面后我们可以看到最左侧功能栏内分别为【聊天】【通讯录】【收藏】【更多】。

如果我们需要向好友发送信息聊天，可点击【聊天】，并在左上角的搜索框内输入好友名称，或关键词，找到目标好友，如图 6-7 所示。

3. 找到联系人后，在右侧下方的聊天框内输入需要发送的文字，也可以添加表情、添加文件（来自电脑的文件）及截图等，然后点击【发送】按钮就可以将它们发送出去。如果目标联系人的微信电脑端不在线，则信息会传送到该联系人的微信手机端上。

4．如要拨打语音电话及视频电话，在选择了通话对象后，直接点击语音聊天或视频聊天按钮，即可呼叫对方。以上操作界面如图 6-8 所示。

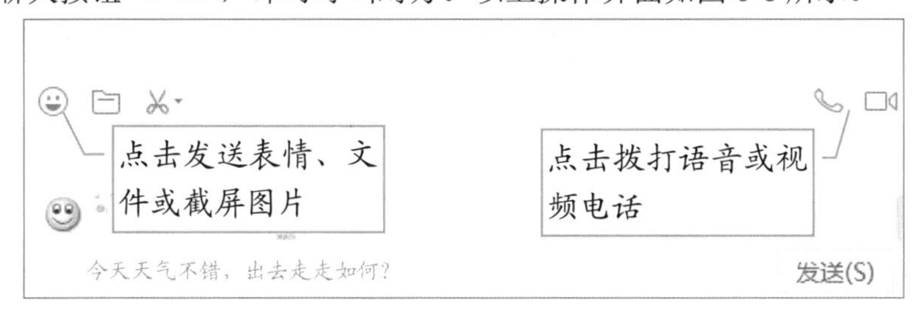

图 6-8 传送信息

提示

如果拨打语音或视频电话，请注意通话双方的电脑或手机必须接入无线网络。网速快慢与信号的稳定性将决定通话质量的高低。

5. 个人对个人的沟通只是微信功能的一小部分，微信的强大之处在于群聊功能，它可以为更多的人建立沟通渠道并保持联系，使用电脑端微信也是如此。那么如何实现群聊呢？首先要将几个目标联系人拉入一个群。点击左上角搜索框旁边的“+”号 搜索 + 按钮，弹出需要添加的联系人列表，勾选目标联系人，点击【确定】即可建立聊天群，如图 6-9 所示。

6．建好群后，若想添加或删除群成员，可点击群聊右上角的省略号 ··· ，在弹出的界面中对群成员进行添加或删除，也可以编辑群名称或发布公告，如图 6-10 所示。

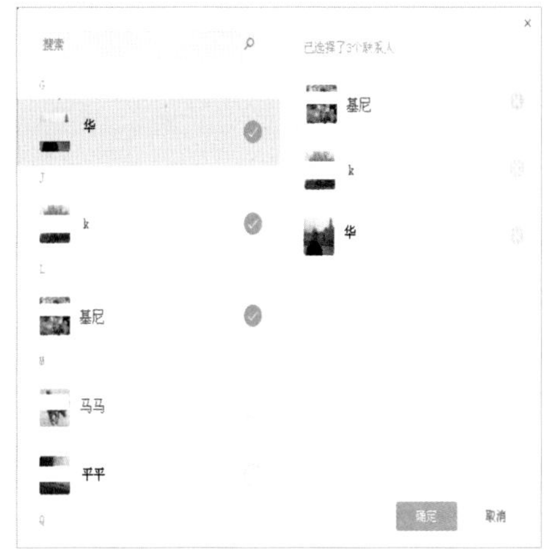

图 6-9　群聊添加联系人

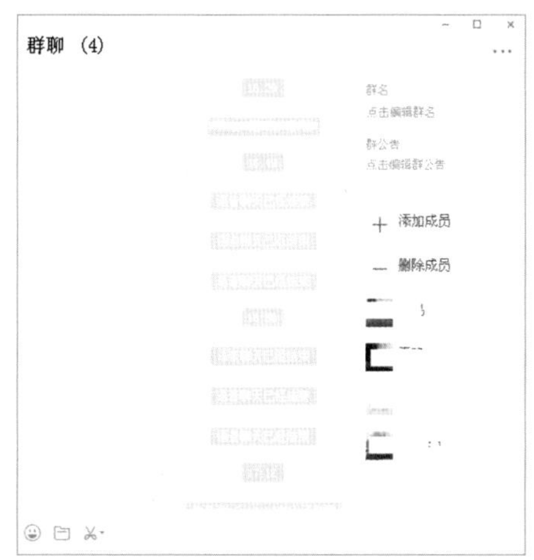

图 6-10　添加或删除群的成员

7. 在聊天过程中，如果觉得仅仅文字聊天不过瘾，可随时启动语音或视频聊天。点击语音聊天按钮，弹出需要添加语音聊天联系人的界面，如图 6-11 所示。勾选参与聊天的群友后点击【确定】即可进入图 6-12 所示的语音聊天界面。

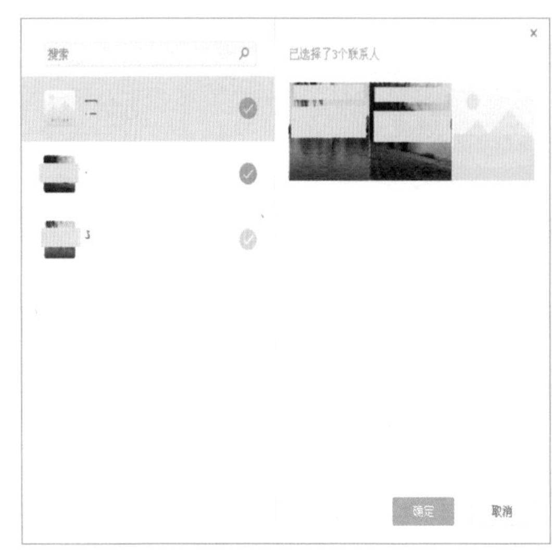

图 6-11　添加群聊联系人

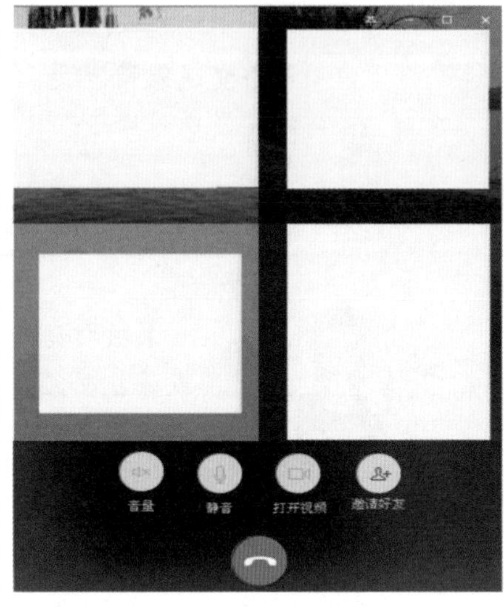

图 6-12　语音群聊界面

8. 在语音聊天过程中，点击【打开视频】按钮可以进入视频聊天模式。如果还想邀请群里的其他好友参与聊天，点击【邀请好友】按钮可再次进行添加。

9. 如果不想继续聊天了，点击红色的话筒图符即可结束聊天。

利用微信传送文件

在外出办公时，因为无法携带电脑，所以文档传送都以手机微信为主。手机可以作为阅读文件的工具，但是如果依靠手机来编辑修改文件还有一些难度。因此，在外出结束回到电脑桌之时，我们往往需要将手机文件发送到电脑上进行编辑修改，毕竟很多工作是要在电脑上完成的。那么如何实现手机数据与电脑的互传呢？

一、由手机向电脑传送微信数据

首先我们来学习如何通过手机向电脑传送图片或者视频。

1. 保持手机与电脑微信端同时在线状态，打开手机微信找到“文件传输助手”

图标 并点击进入。

2. 点击文件传输助手右下角的“+”号会弹出可以传输的数据类型，包括：“相册”“拍摄”“视频通话”“位置”“语音输入”“我的收藏”“名片”以及“文件”。点击“相册”图标，在“图片与视频”界面中勾选需要发送的图片或者视频，并点击【发送】即可，如图 6-13 所示。

图 6-13　图片视频传输方法

3. 在电脑微信的“文件传输助手”界面中找到刚刚发送的图片，右键点击图片，在出现的快捷菜单中选择“另存为”选项，见图 6-14（左图）。

4. 在出现的“另存为”对话框中指定保存文件的位置，并给文件起个名字，如图 6-14（右图）所示。点击对话框右下角的【保存】按钮，即可将数据保存到电脑上。其他类型的数据，如“名片”“我的收藏”等资料的保存方法也与此相同。

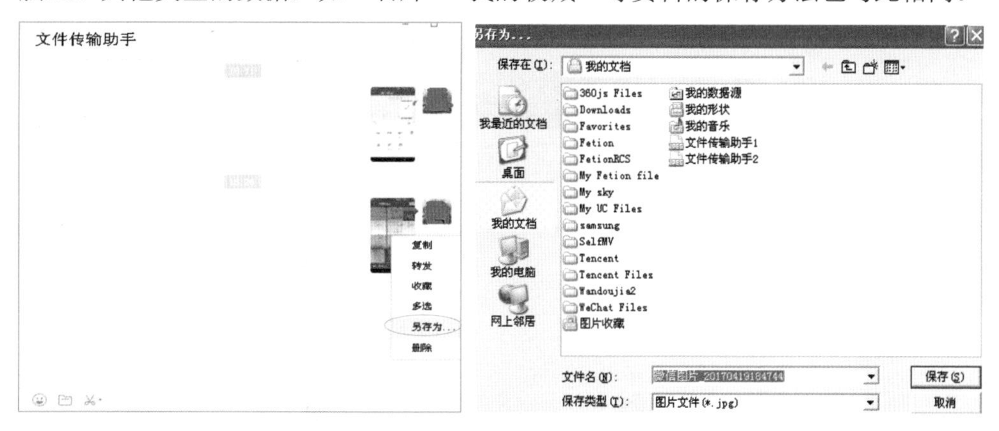

图 6-14　将图片和视频保存到电脑中

下面我们来介绍如何通过手机向电脑传送数据文件的一般方法。有两种方法可以实现这种传送：

第一种方法：先登录手机与电脑的微信客户端，然后在手机的微信里找到朋友或同事传送过来的文件，在该文件名上长时点按直至出现菜单，选择“发送给朋友”，再选择“文件传输助手”，点击【发送】即可向电脑传送文件。在电脑端“文件传输助手”上查收到文件后，记得鼠标右键点击文件，并另存到电脑上。如图 6-15 所示。

图 6-15　传送文件

第二种方法：首先将朋友或同事传送过来的文件长按后保存到手机里，再通过手机→文件管理 App→“本地”→“内部储存”→“tencent” →“Micromsg” →“Download”找到目标文件，点击“更多”→“分享”，选择“通过微信发送给朋友”并选择“文件传输助手”即可，如图 6-16 所示。

图 6-16　通过文件管理 App 传输文件

二、将电脑中的数据传至手机微信

将电脑中的数据传至手机微信的操作方法如下：

1．进入电脑微信客户端。

2．选择要发送的微信好友或微信群。

3．点击编辑框内的“发送文件”图标，如图 6-17 所示。

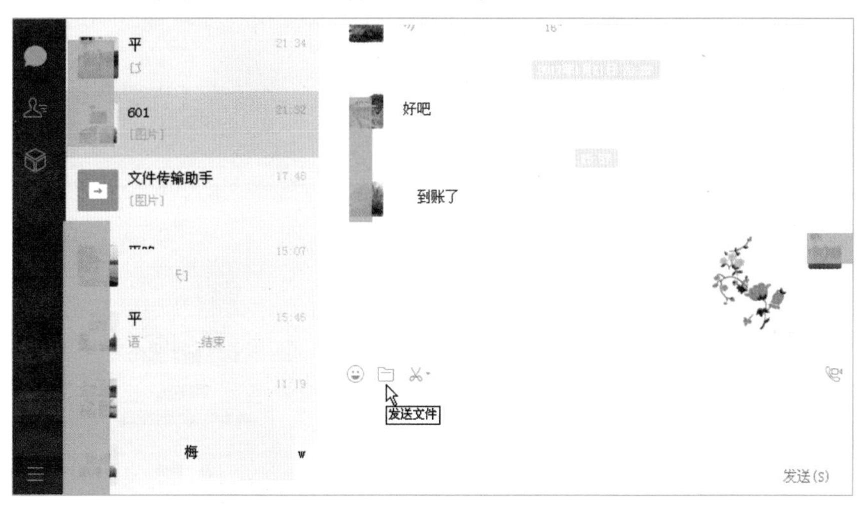

图 6-17 【发送文件】按钮

4．在“打开”对话框中选择所要传送的文件，选中后点击【打开】按钮，如图 6-18 所示。

5．这时所选文件将会出现在编辑框内，如图 6-19 所示。点击右下角的【发送】按钮，即可将其发送至对方的手机中。

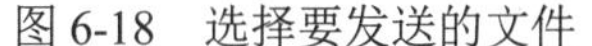

图 6-18 选择要发送的文件

图 6-19 处于待发状态的文件

微信电脑客户端的设置

为了能够更方便地使用微信电脑客户端，我们应对微信电脑客户端的设置有所了解，这样才能在需要时对其做必要的设置。

1. 首先点击微信主界面左下角的【更多】按钮，并选择【设置】选项，弹出的微信设置界面如图 6-20 所示。

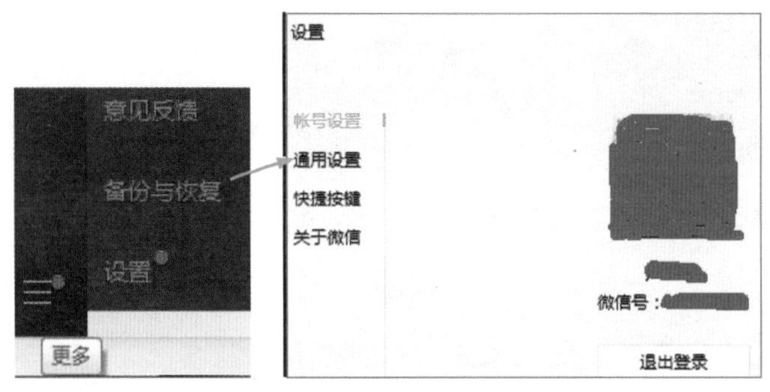

图 6-20　微信设置界面

2. 点击【通用设置】，可以更改语言、微信文件保存位置、保留聊天记录等，如图 6-21 所示。需要注意的是“有更新时自动升级微信”选项，由于微信版本更新频率较高，建议勾选，以保证版本随时更新。“保留聊天记录”这一项，可以不勾选，因为手机微信端已默认保留聊天记录，所以聊天记录没必要重复保留。

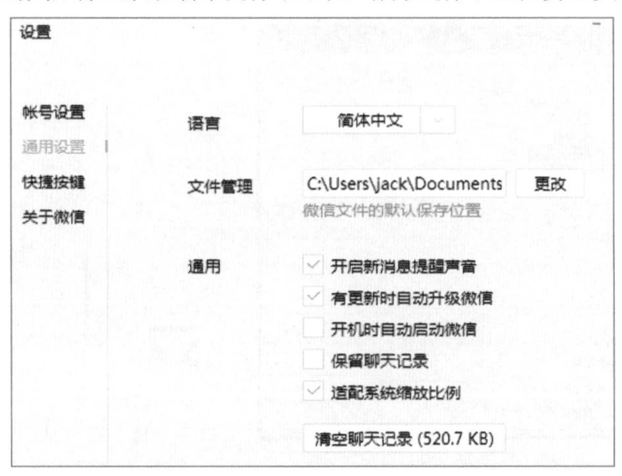

图 6-21　微信设置界面

微信数据的备份与恢复

老年人常常会产生怀旧情绪，怀念过去发生的事情和经历，手机微信记录了大量与朋友和子女们交流的信息，一旦丢失将会无比遗憾。可是如何将手机的聊天记录备份到电脑上呢？

再者，一位朋友最近更换了款新手机，可头疼的是微信聊天记录都保存在旧手机上。那么，怎样才能将聊天记录恢复到新手机上呢？

面对这些问题，微信设计者们给出了解决之道——聊天记录的备份与恢复。这样我们就可以放心大胆地更换手机、甚至不怕手机丢失了！

下面我们来介绍聊天记录备份与恢复功能，它们是相关联的，备份是恢复的前提，没有备份的聊天记录是无法恢复的。首先点击电脑微信主界面左下角【更多】|【备份与恢复】按键，弹出“备份与恢复”界面，如图 6-22 所示。借助这个界面上的功能，我们可以分别对聊天记录进行备份与恢复操作。

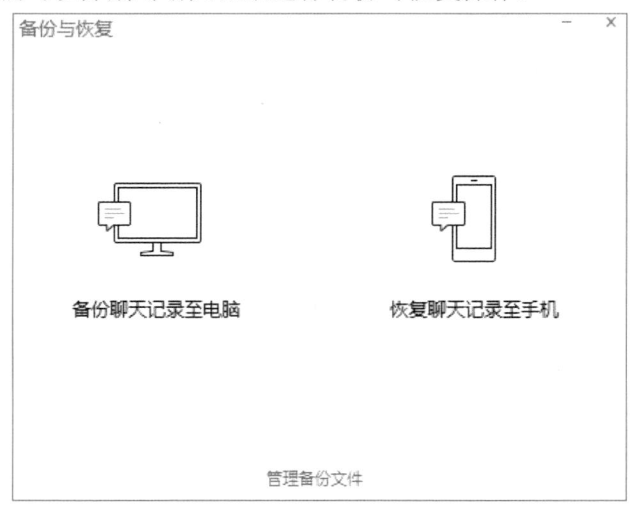

图 6-22　备份与恢复界面

备份聊天记录：点击【备份聊天记录至电脑】，此时电脑系统会提示你打开手机微信确认备份聊天记录的消息。在手机上触按“确认”，进入备份的选择界面，在这里可以触按“备份全部聊天记录”对所有聊天记录进行备份，也可以触按“选择聊天记录”有选择地对聊天记录进行备份。在系统开始备份后，注意不要关机，备份结束后系统会提示备份完成的界面。操作过程见图 6-23 所示。

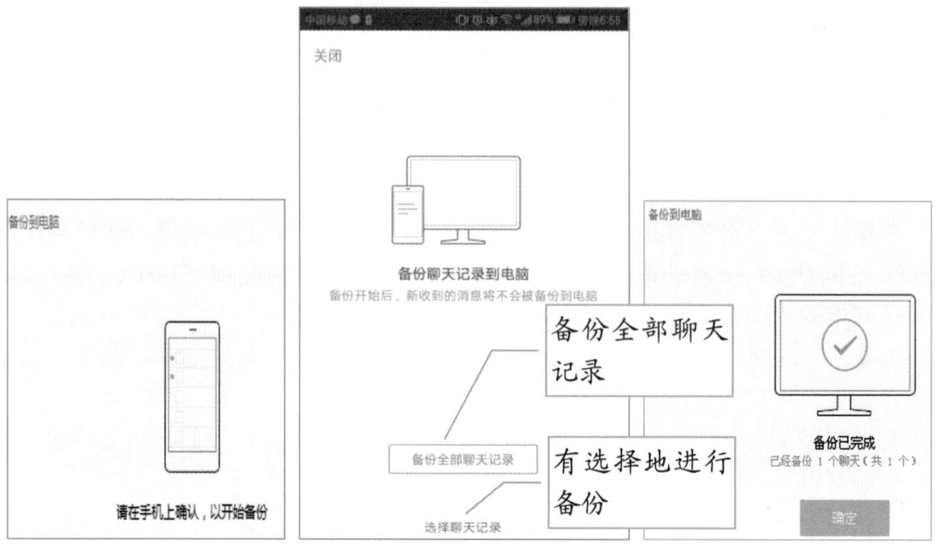

图 6-23　备份聊天记录到电脑界面

恢复聊天记录：点击【恢复聊天记录至手机】，在弹出的界面中选择需要恢复的备份版本，为了保证聊天数据的完整性，一般选择最近备份的版本进行恢复。并勾选需要恢复的聊天记录。选好后点击【确定】，此时手机的微信界面上将弹出“恢复记录到手机”的提示窗口，触按“确定”即可恢复。操作过程见图 6-24 所示。

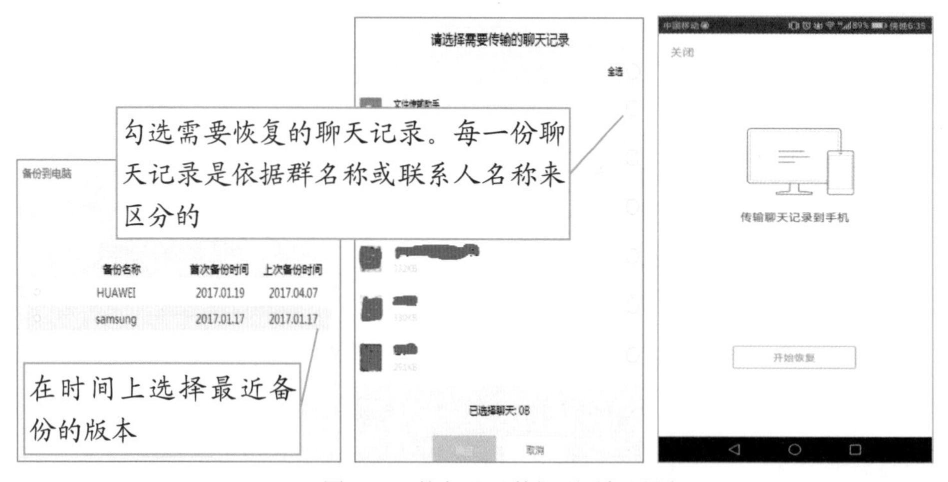

图 6-24　恢复聊天数据到手机界面

至此，我们以当今互联网上最常见的通信联络方式为背景，深入浅出地介绍了如何通过电脑和互联网与他人进行通信与交流的方法和实用技巧。全书对电子邮箱

的申请注册及邮件的收发、创建与发表自己的博客、建立博客好友圈子、登录热点论坛及发帖跟帖、通过远程通信手段相互支援合作、飞信及微信电脑客户端的使用等基本通信和交流方式均有较为详细的阐述，相信各位读者朋友通过对这些知识的学习和了解，一定能够掌握对这些工具的使用，从而充分享受信息时代给我们带来的方便和快捷。